N. Pushpa

Síndrome dos Ovários Policísticos - Uma Abordagem Clínica

N. Pushpa

Síndrome dos Ovários Policísticos - Uma Abordagem Clínica

ScienciaScripts

Imprint

Cover image: www.ingimage.com

This book is a translation from the original published under ISBN 978-3-659-83555-1.

Publisher:
Sciencia Scripts
is a trademark of
Dodo Books Indian Ocean Ltd. and OmniScriptum S.R.L publishing group

120 High Road, East Finchley, London, N2 9ED, United Kingdom
Str. Armeneasca 28/1, office 1, Chisinau MD-2012, Republic of Moldova, Europe
Printed at: see last page
ISBN: 978-620-8-27381-1

ÍNDICE

CAPÍTULO 1 2

CAPÍTULO 2 7

CAPÍTULO 3 22

CAPÍTULO 4 26

CAPÍTULO 5 56

REFERÊNCIAS 57

Existem inúmeros tipos de doenças conhecidas em todo o mundo industrializado, que afectam pessoas de todos os grupos etários e etnias. Algumas doenças são geralmente ligeiras e, na maior parte dos casos, não põem a vida em risco. A infertilidade é um problema de saúde global, que afecta 8 a 10% das pessoas em todo o mundo (Inhorn, 2003). O inquérito mundial sobre a fertilidade apresenta as mesmas taxas de infertilidade no sul da Ásia, que variam entre 4 e 6 por cento (Vaessen, 1984). A infertilidade não é apenas um problema de saúde individual, é também uma questão de injustiça social e de desigualdade.

A Índia é um país único que está unido apesar de todas as suas diversidades. A maternidade é o objetivo mais importante para as mulheres indianas. O desejo de ter filhos é generalizado e considerado poderoso. No entanto, para algumas pessoas, esse desejo não se realiza facilmente. Os filhos conferem às mulheres um estatuto e fazem-nas sobreviver com segurança psicológica. A ausência de filhos está associada ao embaraço e ao isolamento social, o que conduz à violência. Mesmo que o homem não seja suficientemente fértil para dar à luz um filho, a mulher é considerada impotente. Na Índia, não é dada prioridade às medidas preventivas e curativas da infertilidade. Mas este problema tem de ser tratado num contexto de classe de pobreza e de desigualdade de género e de acesso à saúde (Widge, 2002).

As anomalias genéticas, as infecções ou os agentes ambientais, o atraso na gravidez, o comportamento e algumas outras doenças são a causa da infertilidade. Se houver sensibilização, as pessoas podem adotar um comportamento correto e manter a fertilidade. Muitas pessoas sabiam que eram inférteis. Mas se começarem com problemas não reconhecidos, isso terá efeitos adversos na saúde e na qualidade de vida das suas vidas e dos seus filhos. Apesar de estarem em boa forma física e de seguirem procedimentos médicos dispendiosos (Maurizio Macaluso *et al.,* 2010).

1.1. Síndrome dos Ovários Policísticos (SOP)

A Síndrome dos Ovários Policísticos (SOP) é uma das causas mais importantes de infertilidade nas mulheres e é a doença endócrina mais comum entre as mulheres em idade fértil. Afecta 5-10% das mulheres em idade reprodutiva (Mastorakos *et al.,* 2006). A maioria das mulheres com SOP nem sequer sabe que a tem e menos de 25% das mulheres com SOP foram efetivamente diagnosticadas até começarem a tentar conceber um bebé.

A incidência da SOP varia entre 2,5 e 7,5 por cento (Futterweit e Mechanick 1988; Knochenhauer *et al.*, 1998; Taylor, 2000). Os países em desenvolvimento como a Índia e a China também estão a ter uma prevalência semelhante de SOP (Li *et al.*, 2007, Allahbadia e Merchant 2008, Sundararaman et al., 2008).

1.2. Contexto geral da SOP

Já em 1844, Chereau descreveu as alterações esclerocísticas do ovário humano (Chereau, 1844). Apesar de relatos pouco frequentes sobre esta condição terem continuado a aparecer ao longo dos anos, foi em 1935 que Stein e Leventhal chamaram mais a atenção para esta situação, quando encontraram ovários policísticos bilaterais numa síndrome clínica. Irregularidade menstrual com oligomenorreia e amenorreia, história de infertilidade, hirsutismo de tipo masculino (crescimento excessivo de pêlos terminais faciais e/ou corporais num padrão de distribuição masculino) e obesidade (Stein e Leventhal, 1935) foram os sintomas encontrados. Esta condição foi denominada durante muito tempo como síndroma de Stein-Leventhal.

Em 1958, McArthur e colaboradores consideraram que os níveis elevados da hormona luteinizante (LH) em mulheres com ovários poliquísticos (MacArthur *et al.*, 1958) e o prefácio dos radioimunoensaios (RIAs) em 1971 encorajaram a confiança num diagnóstico bioquímico. Já em 1962 se suspeitava que a SOP tinha uma vasta gama de complicações clínicas, mas a correlação entre a LH e a SOP só foi compreendida em 1976 (Rebar *et al.*, 1976). O destaque seguinte foi a descoberta da relação entre a SOP e a resistência à insulina por Kahn e colaboradores (Kahn *et al.*, 1976; Burghen *et al.*, 1980). O achado ultrassonográfico de ovários policísticos foi ilustrado pela primeira vez em 1981 (Swanson *et al.*, 1981). Adams e colaboradores sugeriram que os critérios de diagnóstico da SOP incluíssem o seu aspeto ultrassonográfico (Adams *et al.*, 1985). Este método tem sido amplamente utilizado desde então.

1.3. Caraterísticas clínicas da SOP

As manifestações clínicas da SOP incluem perturbações menstruais e sintomas hiperandrogénicos, e podem estar associadas a disfunções metabólicas em que a hiperinsulinemia e a resistência periférica à insulina desempenham um papel central. Uma mulher afetada pela SOP tem uma maior resistência à insulina quando comparada com os seus controlos com peso equivalente (Diamanti-Kandarakis e Papavassiliou, 2006; Teede *et al.,* 2007).

A SOP é considerada como uma síndrome metabólica. Trata-se de um grupo de anomalias que inclui resistência à insulina, hiperinsulinemia que leva os indivíduos a desenvolver um nível elevado de triglicéridos plasmáticos (TG) e um nível baixo de colesterol de lipoproteína de alta densidade (HDL), pressão arterial (PA) elevada e doença coronária (CHD) (Reaven, 1994).

A etiologia da SOP ainda não é fácil de compreender. Foi bem reconhecido que a secreção inadequada de gonadotrofina (uma hormona segregada pela pituitária anterior), especialmente a hormona luteinizante (LH) elevada, está associada à forma clássica de SOP (MacArthur *et al.,* 1958; Yen *et al.,* 1970). Foram observados níveis mais elevados de testosterona, estradiol e globulina de ligação às hormonas sexuais (SHBG) em mulheres heterozigóticas para a forma variante genética do alelo da LH (v-LH), o que diferencia a ação da LH ovárica entre normal e v-LH (Rajkhow *et al.,* 1995).

Vários estudos apontam para o facto de os ovários poliquísticos produzirem normalmente um excesso de androgénios (Chang *et al.,* 1983, Rosenfield, 1999). Os mecanismos subjacentes a uma maior produção de androgénios durante o estado de SOP não foram completamente compreendidos. A estimulação crónica da LH na SOP induz uma hipersecreção sustentada de androgénios, que pode ser aumentada pela insulina e por factores de crescimento semelhantes à insulina (IGFs) (Poretsky *et al.,* 1999). A maioria dos dados sugere que a disfunção primária pode estar ao nível dos ovários (Rosenfield *et al.,* 1990, Franks, 1995) ou que as apresentações clínicas da SOP são secundárias à hiperinsulinemia (Barbieri *et al.,* 1986, Dunaif, 1999).

1.4. Diagnóstico

A Sociedade Europeia de Reprodução Humana e Embriologia e a Sociedade Americana de Medicina Reprodutiva organizaram conjuntamente um workshop sobre SOP no ano de

2003. Os critérios de diagnóstico da SOP foram revistos, o que foi melhor do que os critérios de Roterdão.

Os critérios de Roterdão revistos de 2003 são os seguintes

- Oligo- e/ou anovulação;
- Excesso bioquímico e/ou clínico de androgénios (hiperandrogenismo);
- Ovários poliquísticos;

o A exclusão de outras etiologias (hiperplasias supra-renais congénitas - produção excessiva de androgénios pelas glândulas supra-renais), tumores secretores de androgénios e síndrome de Cushing (nível elevado da hormona cortisol).

(Dois dos três critérios de diagnóstico acima referidos confirmam a SOP)

1.5. Metformina e outros medicamentos para o tratamento da SOP

A SOP é uma doença metabólica prevalente associada à diabetes mellitus tipo 2. Os modos de tratamento atualmente disponíveis utilizam sensibilizadores de insulina como a metformina (diamida N,N-dimetilimidodicarbonimídica), uma vez que o núcleo central da etiologia da SOP é a resistência à insulina (Costello *et al.*, 2007). Por vezes, a utilização prolongada dos modernos fármacos sintéticos tem efeitos secundários (Dunaif, 2008).

A metformina é utilizada para o tratamento da resistência à insulina e da diabetes. Também ajuda as mulheres com sintomas de SOP, diminuindo a produção de testosterona, controlando o nível de glucose no sangue, abrandando o crescimento anormal de pêlos e o regresso da ovulação após alguns meses de utilização. Também diminui o índice de massa corporal (IMC) e melhora os níveis de colesterol. O tratamento da SOP baseia-se nos sintomas. A pílula contraceptiva ou pílula anticoncecional é a forma mais comum de tratamento da SOP. No entanto, os sintomas voltam a surgir quando a pílula é interrompida.

As doentes com SOP manifestam normalmente falta de ovulação. Isto pode ser tratado com a utilização de citrato de clomifeno. O citrato de clomifeno com metformina também é utilizado para a estimulação da ovulação. Outra opção é a FIV com tratamento com gonadotropinas. Para as mulheres que não respondem aos medicamentos para a fertilidade, pode ser efectuada a perfuração dos ovários (uma cirurgia) para estimular a ovulação. A laparoscopia também é outra opção. Muitas mulheres com SOP são obesas ou têm excesso de peso. Se as mulheres perderem 10 por cento do peso corporal, o ciclo menstrual torna-se regular. Por conseguinte, manter um peso saudável através da prática de exercício físico e da ingestão de alimentos saudáveis é outra forma de as mulheres poderem gerir a SOP (Adashi, 1984; Harborne *et al.*, 2003; Palomba *et al.*, 2005; Clark *et al.*, 1998)

Neste contexto, o presente estudo tem como objetivo investigar os factores de risco da SOP e o possível controlo da SOP através da utilização de metformina. Os principais objectivos são 1. Descrever as caraterísticas sócio-demográficas e a pré-história das pacientes com SOP, utilizando o método de questionário. 2. Rastreio de doentes com SOP com base em investigações clínicas, cirúrgicas e laboratoriais para identificar os factores de risco da SOP.

Esta secção apresenta uma revisão selectiva da SOP, da fisiopatologia, das complicações associadas à SOP, do tratamento da SOP, do tratamento atual em alopatia, dos remédios alternativos disponíveis para a SOP e do efeito benéfico da preparação ayurvédica Mehani *(Salacia oblonga, Emblica officinalis, Trigonella foenum- graecum, Curcuma longa* e *Tinospora cordifolia).*

2.1. Incidência de SOP

A prevalência da SOP depende basicamente dos critérios que definem a doença. Num estudo com 277 mulheres do sudeste dos EUA, a prevalência global de SOP foi de 4% (utilizando os critérios do NIH de 1990), sem diferença significativa entre brancos e negros (Knochenhauer *et. al.*, 1998), ao passo que num estudo intensivo com 400 mulheres consecutivas não selecionadas, com idades compreendidas entre os 18 e os 45 anos, a prevalência foi de 6,6%, sem diferença significativa entre brancos e negros (8 e 4,5%, respetivamente).

Aplicando os critérios de Roterdão de 2003, 26% das 224 mulheres com ecografia abdominal trans tem evidência de SOP, quando comparado com os critérios do NIH de 1990, que foi de 8%. A prevalência de SOP utilizando os critérios NIH 1990 e Roterdão 2003 tem de ser investigada mais aprofundadamente. O aumento da prevalência de SOP está associado à resistência à insulina, à Diabetes mellitus tipo I e tipo II e à infertilidade oligoovulatória (Korhonen *et. al.,* 2001).

De acordo com os critérios europeus, 26% das mulheres sofrem de SOP, ao passo que, de acordo com a definição dos EUA, 8% da população sofre de SOP (Balen e Michelmore, 2002). Muitos outros estudos referem que a incidência de SOP é de 22% numa população de mulheres selecionada aleatoriamente (Polson *et. al.,* 1988).

2.2. Sintomas associados à SOP

As anomalias endócrinas são os componentes importantes da síndrome de SOP. A hipersecreção de LH, a hipossecreção de FSH e o aumento da atividade do pulso de GnRH são as anomalias hormonais importantes (Borini e Dal Prato, 2006).

2.2.1. Hiper secreção de LH

A hormona leutinizante é mais elevada nas mulheres com SOP quando comparada com o controlo (Fauser *et. al.,* 1991 e Taylor *et. al.,* 1997), devido a um aumento da amplitude e frequência dos impulsos de LH. 40-60% das mulheres com SOP têm concentrações elevadas de LH. A redução da probabilidade de conceção e o risco de aborto são os factores importantes associados à LH elevada. Apesar de se observarem concentrações elevadas de LH na SOP, só por si não é suficiente para fazer o diagnóstico. O rácio entre a LH e a FSH é bastante útil.

A síntese de LH aumenta com o aumento da frequência de impulsos de GnRH, enquanto a síntese de FSH aumenta com a diminuição da frequência de impulsos de GnRH. Na SOP, observa-se uma frequência de impulsos de GnRH rápida. O aumento da amplitude do pulso de LH é registado na SOP. A LH bioactiva e imunoactiva é duas a três vezes superior na adolescência (Ropelato *et al.,* 1999).

Causas importantes da hipersecreção de LH

1. A conversão de androgénios em estrogénios, resultando na sobreprodução de estrogénios que favorece o aumento da secreção de LH.

2. Modulação da GnRH induzida pela leptina.

3. Diminuição do tónus dopaminérgico e opióide central.

4. O aumento da amplitude do pulso de LH sérico mediado pela insulina.

Na SOP, está presente um eixo hipotalâmico-hipofisário-ovariano anormal. A perturbação da pulsatilidade da GnRH resulta no aumento da LH para FSH (Yen 1980). O mecanismo de feedback do estrogénio ovariano também desempenha um papel no aumento da libertação de LH (Mckenna 1988). Assim, o rácio entre a FSH e a LH é alterado. Normalmente é de 2 para 1, mas este rácio inverte-se e pode ser de 2 ou 3 para 1 em cerca de 60% das doentes com SOP. Cerca de 2/3rd das mulheres com SOP têm um rácio LH/FSH elevado.

2.2.2. Hiper androgenismo

Esta é a principal manifestação clínica da SOP. O aumento da secreção de LH está positivamente correlacionado com concentrações séricas elevadas de 17-hidroxi progesterona, androstenediona e testosterona. As principais enzimas esteroidogénicas, como a P450 C17 e a 3 β-hidroxiesteróide desidrogenase, com um aumento desproporcionado das actividades da C17, 20 liase, são observadas em culturas de longa duração das células theca (Nelson *et. al.*, 2001).

A medição do índice androgénico ou da testosterona livre é um método sensível de deteção da hiperandrogenemia (ESHRE/ASRM, 2004).

Hiper Androgenismo - Manifestações clínicas

Os sintomas importantes do hiper androgenismo são o hirsutismo e o acne. O hirsutismo pode ser definido como o crescimento excessivo de pêlos faciais ou corporais num padrão de distribuição masculino. Este fenómeno é prevalente em 70% das mulheres com SOP. O hirsutismo é utilizado como um indicador primário do excesso de androgénios. Podem ser utilizados métodos de pontuação normalizados (Ferriman e Gallwey, 1961) para avaliar a hiper androgenemia. O hirsutismo deve ser estudado entre grupos raciais. É comum em mulheres de pele mais escura e raro em mulheres japonesas (Carmina *et. al.*, 1992). A dihidro testosterona é o principal androgénio elevado na SOP. A perda de peso é diretamente proporcional à redução do hirsutismo (Kiddy *et. al.*, 1992).

50 % das mulheres com hiper androgenismo tinham acne no pescoço, no peito e na parte superior das costas (Nair, 2006). A acantose nigricans é uma erupção cutânea que ocorre mais frequentemente nas axilas, nas flexuras da pele e na nuca e manifesta-se por um aumento da pigmentação e papilomatose. Pode ser utilizada como um marcador de resistência à insulina e hiperinsulinemia, sendo observada em 1-3 % das mulheres com SOP.

A hiperinsulinémia, que resulta num aumento excessivo de peso, leva à supressão da globulina de ligação às hormonas sexuais (SHBG) e eleva a testosterona livre biologicamente ativa (Nair, 2006).

i. O aumento da síntese de testosterona devido à produção de androgénios pelas células da teca leva à anormalidade da P450 c17a, a enzima limitadora da taxa de biossíntese de androgénios.

ii. Hiperinsulinemia, que é o principal evento que leva ao hiper androgenismo.

iii. Produção de Rostenediona mediada por LH observada em células theca humanas.

Como as manifestações de hiper androgenismo são cosméticas, causam embaraço social, angústia emocional e sequelas psicossociais.

Os mecanismos pelos quais o hiper androgenismo provoca um aumento da produção de androgénios incluem

a) Ao aumentar a amplitude do pulso de LH sérica

b) Estimulação da atividade do citocromo P450c17a nos ovários ou nas supra-renais de mulheres com SOP, com impacto na esteroidogénese.

c) Reatividade cruzada da insulina devido à semelhança entre o fator de crescimento da insulina (IGF-1) e o recetor da insulina.

d) Genes relacionados com a regulação da biossíntese de androgénios.

2.2.3. Anomalias no ciclo menstrual

Cerca de 85-90 % das mulheres com SOP apresentam oligomenorreia, 30-40 % apresentam também amenorreia (Charnvises *et. al.,* 2005).

2.2.4. Dinâmica folicular anormal

Durante a SOP, está presente um maior número de folículos pré-antrais e antrais em comparação com ovários normais (Kevenaar *et. al.,* 2009). A diminuição da FSH e o aumento da hiper-secreção de LH com a consequente desregulação do gerador de impulsos de GnRH resultam em infertilidade anovulatória (Franks *et. al.,* 2000). O crescimento folicular é interrompido na fase de 2-8 milímetros. Estes folículos múltiplos podem contribuir para o hiperestrogenismo, embora a base subjacente seja desconhecida. A anovulação em mulheres com SOP é caracterizada pela paragem do crescimento dos folículos antrais. Existe uma diferença na foliculogénese dos ovários policísticos e dos ovários normais.

O aumento da secreção de LH resulta na paragem do crescimento folicular, quer por maturação prematura das células da granulosa, quer por hiper androgenismo induzido pela LH. A hiper-secreção de insulina também compromete o crescimento de folículos antrais de tamanho médio, levando à diferenciação terminal prematura das células da granulosa

(Franks *et. al.*, 2000).

Nas mulheres com SOP, o aumento noturno dos esteróides ováricos pode não ser adequado para suprimir a geração de impulsos de GnRH, conduzindo a uma frequência rápida de impulsos de LH e a uma produção de FSH deficiente (McCartney et. el., 2002). O aumento do número de folículos primordiais indica a perturbação do desenvolvimento folicular precoce no ovário com SOP.

2.2.5. Infertilidade

Devido à anovulação crónica, as mulheres com SOP correm o risco de sofrer de infertilidade. A infertilidade é a apresentação mais importante destas mulheres, seguida do hirsutismo e das perturbações menstruais (Goldzieher e Axelrod, 1963). Um em cada seis casais é afetado por infertilidade, sendo a SOP um contribuinte significativo (Hull, 1987). A incidência de anovulação crónica hiper androgénica nos EUA e nos países europeus é de 5% (Knochenhauer *et. al.*, 1998). A SOP é identificada como a causa comum de infertilidade em 75 % dos casos (Ballen et.al., 1998).

Existe um risco acrescido de aborto espontâneo após a conceção espontânea ou assistida, que é a causa mais comum de infertilidade anovulatória na SOP (Vandersupy e Dyer, 2004). Os abortos espontâneos no primeiro trimestre (25-73%) também têm uma taxa mais elevada na SOP. Em todos os casos, foram observados níveis mais elevados de androgénios.

O fator de crescimento semelhante à insulina (IGF), a AMH, o fator de diferenciação do crescimento (9) e os factores extra-ováricos actuam em conjunto no processo de desencadeamento da anovulação ou da perda precoce da gravidez. Devido à anovulação crónica, as mulheres com SOP correm o risco de infertilidade. A infertilidade é a apresentação mais importante destas mulheres, seguida do hirsutismo e das perturbações menstruais (Goldzieher e Axelrod, 1963). Um em cada seis casais é afetado por infertilidade, sendo a SOP um contribuinte significativo (Hull, 1987). A incidência de anovulação crónica hiperandrogénica nos EUA e nos países europeus é de 5% (Knochenhauer *et. al.*, 1988). A SOP é identificada como a causa comum de infertilidade em 75 % dos casos (Ballen *et. al.*, 1994).

2.3. Disfunções associadas ao metabolismo

2.3.1. Síndrome metabólica

Algumas das síndromes metabólicas associadas à SOP são a resistência à insulina, a obesidade abdominal, a hipertensão, a hiperlipidemia aterogénica e a hiperinsulinemia. É também um fator importante para o desenvolvimento de diabetes tipo II e doenças cardiovasculares (Apridonidze *et. al.,* 2005). A falta de atividade física e a dieta aterogénica são factores importantes que contribuem para a obesidade abdominal.

Quando comparadas com mulheres normais, as mulheres com SOP têm um aumento duas vezes maior de síndrome metabólico (Apridonidze *et. al.,* 2005). O IMC elevado, o hirsutismo e a acantose nigricans são os factores comuns associados à síndrome metabólica.

2.3.1.1. Resistência à insulina

No desenvolvimento da SOP, a resistência à insulina desempenha um papel importante. Está altamente associada ao risco cardiovascular, à hipertensão, à disfunção endotelial, que é o fator-chave no desenvolvimento da aterosclerose. Nos indianos asiáticos, foram observados obesidade, obesidade central, hipertensão, HDL baixo e triglicéridos elevados (Dunaif, 1997).

Cerca de 50-70% de todas as mulheres com SOP têm resistência à insulina, sendo esta insensibilidade hormonal o fator responsável pelo desenvolvimento de hiper androgenismo (Vignesh e Mohan, 2007). A resistência dos tecidos-alvo periféricos, a diminuição da depuração hepática e o aumento da sensibilidade do pâncreas são os mecanismos propostos para a resistência à insulina (Waterworth *et. al.,* 1997). A resistência periférica deve-se a um defeito pós-ligação na transdução de sinal mediada pelo recetor de insulina, à desregulação da fosforilação dos receptores de insulina, à diminuição da atividade da tirosina quinase do recetor, à inibição normal do sinal e à diminuição da capacidade de resposta à insulina (Legro *et al.,* 2004).

A enzima chave da biossíntese de androgénios P450c17a é aumentada pela fosforilação da serina. Esta enzima está presente nos tecidos esteroidogénicos da suprarrenal e dos ovários (Waterworth *et al.,* 1997). O polimorfismo dos genes secretores de insulina e o metabolismo dos receptores de insulina são também as causas da resistência à insulina (Abbott *et al.*, 2002).

2.3.1.2. Hiperinsulinemia

O aumento de peso, os defeitos inerentes à ação da insulina induzem a atividade do citocromo P450c17a adrenal e ovárica, o que leva à progressão da SOP em raparigas com adrenarca prematura na altura da ativação das gonadotrofinas pubertárias (Voch, 1999). A insulina reduz a SHBG sérica, aumenta os androgénios livres em circulação, diminui a proteína 1 de ligação ao fator de crescimento semelhante à insulina e aumenta a disponibilidade de IGF1. Haverá influência na hiper secreção de LH, aumento da ação da LH na esteroidogénese ovárica, induzindo hiper androgenismo.

A hiperinsulinemia em doentes com SOP estimula a secreção de leptina a partir dos tecidos adiposos (Conn *et. al.*, 2000). Este nível elevado de leptina está associado a efeitos adversos na função reprodutiva.

Jamal e Osgur (2006) afirmaram que, embora a resistência à insulina e a hiperinsulinemia desempenhem um papel significativo na SOP, nem todas as mulheres hiperinsulinémicas são hiperandrogénicas. Apenas 52% das pessoas com diabetes mellitus de tipo II têm presença clínica de excesso de androgénios.

2.3.1.3. Diabetes mellitus tipo II

A resistência à insulina e a disfunção das células β pancreáticas são os principais factores de risco para o desenvolvimento de diabetes mellitus tipo II. Existe um risco sete vezes maior de diabetes mellitus tipo II na SOP. Num estudo de sessenta e sete mulheres com SOP, 54 com tolerância normal à glicose (TNG) e 13 com tolerância à glicose diminuída, com uma média de 6,2 anos, 17% das mulheres com TNG no início do estudo desenvolveram diabetes mellitus de tipo II ao longo do tempo, enquanto os restantes 54% com TNG progrediram para diabetes mellitus de tipo II (Jakubowski, 2005).

Tem sido referido que as mulheres com diabetes mellitus gestacional (DMG) apresentam elevada intolerância à glucose, maior perímetro médio da cintura, elevada tendência para hipertensão, hiper trigliceridemia e menor nível de HDL.

Em mulheres com DMG, 49% tinham síndrome metabólica, 58,5% tinham ovários policísticos e 40% tinham SOP, valores significativamente mais elevados do que os observados em mulheres de controlo. Por conseguinte, é evidente que existe uma associação confirmada entre DMG, SOP e síndrome metabólica (Wijeyaratne *et. al.*, 2006).

2.3.I.4. Dislipidemia e obesidade

A dislipidemia refere-se à perturbação do metabolismo das lipoproteínas. Foi observada uma elevação da concentração de colesterol total, LDL e triglicéridos com uma diminuição da concentração de HDL. 85 % das mulheres com SOP têm dislipidemia, 50 % das doentes com SOP têm excesso de peso e são obesas. Existe uma correlação positiva entre o colesterol total, o LDL e os triglicéridos e a insulina.

A resistência à insulina é o principal fator associado às anomalias lipídicas e lipoproteicas das mulheres com SOP. As alterações lipídicas relacionadas com a insulina são de 25% nas mulheres com SOP. A dislipidemia é considerada um dos principais factores de risco de DCV (Legro *et. al.*, 1999).

50 % das mulheres com SOP têm excesso de peso e são obesas, com um aumento do rácio cintura-quadril ou obesidade abdominal. Trata-se de um indicador da conversão da glicemia normal em diabetes mellitus tipo II. Esta situação está associada à perturbação menstrual das mulheres. O papel patogénico da obesidade também é observado na infertilidade (Isikoglu *et. al.*, 2006). As mulheres obesas com SOP têm mais hiperandrogenemia. Têm também uma deposição central de gordura (RCQ>85) ou um perímetro da cintura >80 cm, que é a medida da síndrome metabólica. As mulheres com SOP com excesso de peso têm factores de risco cardiovascular aumentados (Isikoglu *et. al.*, 2006) relacionados com a resistência à insulina.

A elevada resistência à insulina e a tolerância à glucose diminuída com obesidade (IMC>30/m^2) e > 5,5mmol/L de glucose em jejum e uma história familiar indicam que os doentes devem ser submetidos a um teste oral de tolerância à glucose e a um rastreio metabólico (Dahlgrun *et. al.*, 1992).

2.3.1.5. Risco de doenças cardiovasculares

Foram estabelecidos os efeitos da obesidade nas caraterísticas metabólicas da SOP (Faloia *et. al.*, 2004). As mulheres jovens obesas e magras foram comparadas com controlos de idade e peso equivalentes. Os indivíduos magros não têm síndrome metabólico quando comparados com 37% dos indivíduos obesos com SOP e 33% dos controlos obesos. Dokras *et al.* (2008) também descobriram que uma incidência elevada da síndrome metabólica em mulheres com SOP, em comparação com a de controlos com a mesma idade, já não era significativa após o ajuste para o índice de massa corporal (IMC). Com base nestes resultados, pode concluir-se que a síndrome metabólica da SOP é agravada pela obesidade.

A obesidade central, a dislipidemia, a hipertensão, a resistência à insulina, a hiper homocistinemia, o aumento da espessura da íntima média ou os factores de risco cardiovascular associados à SOP (Ridker, 2003). A SOP aumenta o risco de doenças cardiovasculares em até 50% quando comparada com mulheres sem SOP com a mesma idade e o mesmo IMC. Níveis elevados de androgénios, resistência à insulina associada a hiper homocistinemia é o fator de risco reconhecido para a aterosclerose, desempenhando um papel crítico no desenvolvimento de DCV (Dunaif, 1997).

Níveis elevados de proteína C-reactiva (PCR), o marcador inflamatório, predizem a incidência de enfarte do miocárdio, acidente vascular cerebral, doença arterial periférica e morte súbita (Hahn *et. al.*, 2005). A elevação do nível de PCP na SOP (Zeyneloglu e Esinler, 2006) prevê que as mulheres com SOP correm o risco de sofrer de DCV de início precoce.

2.3.2. Disfunção bioquímica

2.3.2.1. Cancro

O sarcoma estromal endometrial de baixo grau e o carcinossarcoma, o risco de cancro epitelial do ovário e o cancro da mama têm sido associados à SOP. A anovulação com secreção contínua de estrogénios sem oposição da progesterona aumenta o desenvolvimento e o crescimento do cancro do endométrio, particularmente em mulheres jovens. As anomalias hormonais e o aumento do fator de crescimento semelhante à insulina (IGF-1) no soro podem representar factores de risco para o cancro do endométrio.

A relação entre o cancro do endométrio e o SOP ainda está por esclarecer. Mas não existe consenso quanto ao aumento da incidência ou da mortalidade por cancro do endométrio em mulheres com SOP. Os poucos dados disponíveis excluem uma forte associação entre SOP e cancro da mama (Gadducci *et. al.*, 2005).

2.4. Patogénese

2.4.1. Anomalias na hormona androgénica

As mulheres com SOP têm uma elevada concentração circulante de testosterona, cerca de 60-80% (Hahn *et. al.*, 2005). Em cerca de 25% das mulheres foi observada uma concentração elevada de sulfato de prasterona (Kumar *et. al.*, 2005). Esta anomalia na esteroidogénese é observada nesta doença. Os níveis elevados de androgénios também estão presentes em células de cultura (Nelson *et. al.*, 1999).

2.4.2. Anomalias nas gonadotrofinas

As anomalias na secreção de gonadotropinas são observadas como um nível elevado de LH e uma secreção normal de FSH (Rebar *et. al.*, 1976). O rácio de LH para FSH também está aumentado. Existe um defeito no eixo hipotálamo-hipófise na SOP. Isto é observado por um aumento da hormona adrenocorticotrópica (Lanzone *et. al.*, 1995)

2.4.3. Foliculogénese - anomalias

Cerca de 90-100% das mulheres com SOP têm ovários poliquísticos (Carmina e Cobo, 1999). As concentrações séricas de testosterona e androstenediona estão diretamente correlacionadas com o número de folículos.

Numerosos folículos são observados na SOP. São observados folículos antrais primários, secundários e pequenos (Maciel *et. al.*, 2004).

O efeito tóxico dos androgénios aumenta o número de folículos na SOP (Vendola *et. al.*, 1998). Numa mulher anovulatória com SOP, o crescimento do folículo antral é interrompido devido à indução excessiva de células pela insulina, LH ou ambas (Franks *et. al.*, 1998).

O metabolismo da glicose estimulado pela insulina está comprometido, mas a esteroidogénese estimulada pela insulina é normal nas mulheres com SOP (Wu *et. al.*, 2003; Rice *et. al.*, 2005).

2.4.4. As anomalias de ação da insulina

A captação de glucose mediada pela insulina está diminuída até 35-40% nas mulheres com SOP (Dunaif *et. al.*, 1992). Observa-se também uma hiperinsulinémia em jejum e em condições de desafio à glucose. Estas mulheres correm um risco elevado de sofrer de diabetes (Kahn *et. al.*, 1993). As mulheres obesas com SOP têm uma tolerância à glucose diminuída após um desafio com 75 g de glucose oral (Legro *et. al.*, 1999, Ehrmann *et. al.*, 1999).

A hiperinsulinemia reduz a SHBG circulante e aumenta a disponibilidade de testosterona (Nestler *et. al.*, 1991). Serve também como cofator da biossíntese dos androgénios supra-renais e ováricos, conduzindo a concentrações anormais de gonadotrofinas (Azziz *et. al.*, 2003) .

A insulina também actua no hipotálamo, na glândula pituitária e regula a secreção de gonadotropina (Adashi *et. al.*, 1981). A presença de anomalias da gonadotropina em mulheres com SOP é ainda incerta (Dunaif, 1997).

Em mulheres com SOP, observa-se dislipidemia (Wild *et. al.*, 1990; Legro *et. al.*, 2001). A disfunção endotelial, os marcadores inflamatórios e o aumento da frequência da apneia do sono também foram encontrados em mulheres com SOP (Tasali *et. al.*, 2006).

2.5. Estudos genéticos

Na patogénese da SOP, a genética desempenha um papel importante. Nos indivíduos com SOP não obesos, o recetor de insulina (INSR) é um dos genes susceptíveis (Chen *et. al.*, 2004) . O SNP rs 2209972 é observado e está relacionado com as anomalias metabólicas da SOP. O genótipo CC em mulheres com SOP está associado a níveis mais elevados de insulina em jejum e à avaliação da homeostase da resistência à insulina (HOMA-IR) (Wang *et. al.*, 2008). A adiponectina desempenha um papel importante na regulação da sensibilidade à insulina e da RI na SOP.

O gene da calpaína-10 (CAPN-10) é o gene predisponente da SOP e da diabetes (Chen *et. al.*, 2004). Verifica-se que os indivíduos com SOP que têm antecedentes familiares de diabetes possuem o gene CAPN-10 (Diao *et. al.*, 2008). Alguns dos polimorfismos do gene CAPN-10 são observados em pacientes coreanos com SOP.

O polimorfismo do pentanucleótido (Hta)n do promotor do Cyp11 alfa está associado às anomalias metabólicas da SOP.

As repetições CAG no gene do recetor de androgénio estão associadas a hiper androgenismo em doentes com SOP (Van *et. al.*, 2008). Alguns investigadores continuam a ter opiniões contraditórias a este respeito (Ferk *et. al.*, 2008).

2.6. Tratamento

O tratamento visa corrigir os sintomas da SOP.

1. Metformina

A metformina diminui a secreção de insulina, melhorando a sensibilidade à insulina, restabelece o ciclo menstrual e melhora as anomalias lipídicas (Kent e Legro, 2002). Os níveis elevados de androgénios (Arslanian *et. al.*, 2002) são reduzidos e os níveis de FSH e SHBG são aumentados pela insulina.

A metformina foi utilizada para a indução da ovulação numa mulher com infertilidade anovulatória devida à SOP (Sinha e Atiomo, 2004). A metformina e o clomifeno foram eficazes em comparação com o citrato de clomifeno isolado. Por vezes, a utilização de metformina resulta em hipoglicemia; se os sintomas aparecerem, a utilização de metformina tem de ser interrompida. Nas mulheres grávidas, a utilização de metformina não aumenta as principais anomalias fetais (Jackson e Coetzee, 1984). Se a metformina não conseguir induzir a ovulação, pode optar-se por uma terapêutica com gonadotrofinas ou por cirurgia.

2. Letrozol

É um inibidor não esteroide da aromatase, que se liga ao grupo heme da aromatase CYP19. É utilizado para o tratamento de mulheres pós-menopáusicas. Diminui a produção de estrogénio e aumenta a libertação de FSH. Este aumento da FSH pode então levar ao desenvolvimento folicular e à ovulação (Casper e Mitwally, 2006).

O letrozol aumenta a ovulação, diminui o número de folículos maduros e o risco de síndroma de hiperestimulação ovárica. Também aumenta a taxa de parto em mulheres com SOP resistentes ao citrato de clomifeno (Shorabvand *et. al.*, 2006).

3. Citrato de clomifeno

Os factores de risco cardiovascular, a ovulação é melhorada com a utilização de um agente sensibilizador da insulina como o citrato de clomifeno. Também melhora a fertilidade, corrige a hiper androgenemia. Pode ser tomado nos dias 2-6 do sangramento menstrual natural ou induzido (50-100 mg). Em cerca de 80 % das mulheres anovulatórias, o citrato de clopmifeno é bem sucedido. Deve ser efectuada uma ecografia para avaliar gravidezes múltiplas. A metformina em combinação com citrato de clomifeno induz a ovulação, aumentando assim a conceção (Vandermolen *et. al.,* 2001).

4. Gonadotrofinas

Pode ser utilizado em doentes que são resistentes aos anti-estrogénios. Mas aumenta a incidência de gravidez múltipla e de síndroma de hiperestimulação ovárica (OHSS). Isto deve-se ao recrutamento de múltiplos folículos (Farquhar *et. al.,* 2004).

Embora a hipótese da resistência à insulina seja contestada, foi efectuado um tratamento bem sucedido com gonadotrofinas em mulheres com SOP com resistência à insulina e obesidade (Mulderset *et. al.,* 2003).

5. Tiazolidinedionas (TZDS)

Foi referido que as taxas de ovulação e de gravidez aumentam para 83% e 39% com a utilização da troglitazona. Em 305 doentes com SOP obesas, foi avaliado o efeito da troglitazona (Azziz *et. al.,* 2001). A troglitazona 600 mg/dia aumenta a taxa de ovulação >50% em 57% das pacientes, em comparação com 12% do grupo placebo. As doentes tratadas com troglitazona têm uma maior taxa de fertilidade (até 4 vezes) quando comparadas com o grupo placebo.

Foi avaliada a utilização de rosiglitazona 4 mg (duas vezes/dia) com placebo ou clomifeno nos dias 5-9 do ciclo em 25 doentes com SOP (Ghazeeri *et. al.,* 2003). A utilização de rosiglitazona resultou num aumento de 33% na ovulação, em comparação com 77% no grupo de combinação.

Uma doente no grupo da rosiglitazona (8%) e duas (15%) no grupo da rosiglitazona-clomifeno conceberam. Não está aprovado para indução da ovulação e gravidez.

6. Cetoconazol

Trata-se de um imidazol antifúngico que afecta a enzima P450 nos testículos, ovários, glândulas supra-renais e fígado (Vidal-Puig *et. al.*, 1994). É um medicamento utilizado em doentes com SOP para a indução da ovulação. O efeito inibitório do cetoconazol na esteroidogénese foi revelado em vários estudos (Pepper et.al., 1990). Bloqueia a síntese de androgénios em 60% em doses mais elevadas (De Coster *et. al.*, 1987); em doses baixas, afecta a função gonadal (Santen *et. al.*, 1983). Aumenta a resposta do citrato de clomifeno em doentes com SOP, diminui as complicações da indução da ovulação (Ali Hasan *et. al.*, 2001).

O cetaconazol provoca a maturação dos folículos ováricos (Gal *et. al.*, 1989). Verificou-se que uma dose baixa de cetaconazol não tem efeito na prevenção de OHSS em pacientes com SOP que estão a receber indução da ovulação, mas é eficaz na formação de esteróides e folículos.

7. Contraceptivos orais

Diminui a secreção de LH, a secreção de androgénios nos ovários e aumenta a SHBG circulante (Azziz, 2003). Embora seja o principal suporte do tratamento a longo prazo da SOP, a sua segurança e a sua utilização em mulheres com SOP têm sido questionadas (Sherwin e Quinn, 2001). Embora a utilização de contraceptivos orais não induza o risco de diabetes mellitus tipo II em mulheres com SOP, está relacionada com a elevação dos níveis de triglicéridos e de HDL (Falsetti e Pasinetti, 1995). Melhora a tolerância à glucose e aumenta os níveis de insulina nas mulheres (Korytkowski *et. al.*, 1995). Estudos recentes sugerem que a metformina em combinação com contraceptivos orais aumenta o hiperandrogenismo e a hiperinsulinemia (Elter *et. al.*, 2002).

8. Medicamentos com estatinas

Apresenta efeitos promissores em estudos *in vitro* e num único ensaio prospetivo e aleatório. Numa cultura de células teca-intersticiais do ovário tratadas com mevastatina, observou-se uma diminuição da esteroidogénese e da proliferação (Izquierdo *et. al.*, 2004). Foi efectuada uma comparação entre o grupo da sinvastatina + contraceptivos orais e o grupo dos contraceptivos orais isolados. Neste, o grupo da estatina apresentou níveis reduzidos de testosterona e normalizados de gonadotrofina (Duleba *et. al.*, 2006).

9. Outros agentes

O ácido gordo livre no plasma é reduzido pelo Acipimox, um análogo do ácido nicotínico. Mas não tem efeitos significativos na glicose, insulina ou androgénio sérico (Ciampeslli *et. al.*, 2001, 2002).

O D-chiroinositol é outro medicamento que melhora a função ovulatória e diminui os androgénios séricos. Os níveis de tridglicéridos e a pressão arterial diminuem quando comparados com o placebo (Nestler *et. al.*, 1999, 2000).

A naltrexona diminui a secreção de insulina, melhora a sensibilidade à insulina e normaliza o perfil endócrino em mulheres obesas com SOP (Fruzzetti *et. al.*, 2002, Villa *et. al.*, 1999). A secreção de insulina e glucagon in vivo é estimulada pelas endorfinas (Cozzolino *et. al.*, 1996). Ao bloquear esta ação, a naltrexona ajuda a regular a resistência à insulina das mulheres com SOP.

10. Cirurgia

Para as mulheres com SOP que não responderam ao tratamento médico, a perfuração ovárica laproscópica com electrodiatermia é a opção de segunda linha (Farquhar *et. al.*, 2004). Está associada a taxas mais baixas de gravidez múltipla e não foi registada qualquer incidência de hiperestimulação ovárica.

A normalização dos androgénios séricos e a persistência da ovulação foram observadas após a electrocauterização ovárica laproscópica em mais de 60% das doentes com SOP tratadas.

A destruição do estroma produtor de androgénios dos ovários com electrocauterização leva à redução do nível de androgénios, diminui a quantidade de substrato disponível para a aromatização em estrogénios.

No entanto, não altera a resposta da insulina ao teste oral de tolerância à glucose (OGTT). Está associada a aderências periovarianas (Green blatt e Casper, 1993) e conduz à falência ovárica prematura (Farquar *et. al.*, 2004).

3.1. Fonte de dados

O lar de idosos Ramakrishna é uma clínica de ginecologia bem estabelecida em Woraiyur, Tiruchirappalli-620003, Tamilnadu, Índia. Entre setembro de 2010 e outubro de 2011, foram escolhidas para o estudo 150 doentes com SOP registadas nesta clínica. 150 mulheres normais foram designadas como controlos. O Proforma, que consiste em pormenores sobre o estado sociodemográfico, investigações gerais e exames clínicos, foi obtido a partir dos registos hospitalares. As amostras de sangue para todos os exames bioquímicos também foram obtidas no hospital.

3.2. Caraterísticas sócio-demográficas

3.2.1. Número de doentes com SOP estudados

O número de doentes com SOP registados em cada mês foi registado e foi calculada uma média de doentes/mês.

3.2.2. Distribuição etária dos doentes com SOP

A idade das doentes com SOP foi registada e dividida em seis categorias. 11-15, 16-20, 21-25, 26-30, 31-35 e 36-40. Foi calculada a percentagem de doentes pertencentes a cada grupo.

3.2.3. História familiar de ciclo menstrual irregular

Também foram registados os membros da família dos doentes (mãe, tia, irmã) que tinham uma história anterior de ciclo menstrual irregular, que desempenha um papel importante na SOP.

3.3. Inquéritos gerais

3.3.1. Estado civil

O estado civil das doentes com SOP foi registado.

3.3.2. Tipo de infertilidade

Foram observados os tipos de infertilidade das doentes com SOP. A infertilidade foi dividida em dois tipos: primária e secundária. A primária refere-se às doentes que não conceberam anteriormente. A secundária refere-se às doentes que tiveram filhos anteriormente ou que sofreram aborto.

3.3.3. Padrão do ciclo menstrual

Os padrões do ciclo menstrual das pacientes foram registados para conhecer a percentagem de pacientes com ciclo menstrual irregular.

3.3.4. Historial médico

Foram registados os antecedentes médicos dos pacientes que teriam tido diabetes, hipertensão, tuberculose, tiroide ou qualquer outro problema médico anteriormente.

3.3.5. História cirúrgica

As histórias cirúrgicas anteriores das pacientes foram divididas em três categorias, a saber: histero-laproscopia, dilatação e curetagem (D&C) e qualquer outra.

As pacientes que já tinham sido submetidas a perfuração de PCOS ou remoção de blocos tubários foram agrupadas sob histero-laproscopia.

As doentes que sofreram abortos repetidos foram agrupadas em D&C.

Qualquer outra categoria inclui antecedentes cirúrgicos, como a remoção da vesícula biliar, que não diz respeito ao útero ou ao ovário.

No grupo de controlo, foi efectuada uma histerolaparoscopia para saber se a doente tinha endometriose, Tuberculose PCR (TB PCR) ou bloqueios tubários.

3.4. Exame clínico

3.4.1. IMC

A altura e o peso dos pacientes foram medidos e o IMC foi calculado. O IMC dos doentes foi categorizado em <18,5, 18,5-24,99, 25-29,99 e ≥30 (Fig. 4.9).

3.4.2. Rácio cintura-quadril (RCQ)

Para conhecer a acumulação de lípidos no abdómen, foi calculada a RCQ de cada doente.

3.4.3. Hirsutismo

A percentagem de doentes com SOP que apresentavam hirsutismo, que é uma caraterística-chave importante da SOP, também foi investigada por observação direta.

3.5. Ultrassonografia

Todas as doentes foram submetidas a uma ecografia para obter informações pormenorizadas sobre o volume dos ovários, a contagem antral e a presença de ovários poliquísticos. Na SOP, o volume do ovário será >10mL e o número de folículos também será >12. Por conseguinte, o volume de cada ovário (esquerdo e direito) e o número de folículos no ovário foram analisados por exame vaginal. O volume do ovário foi dividido em <5, 5-10 e >10 ml. O número de folículos (contagem antral) do ovário foi dividido em 10-15 e >15.

Todos os parâmetros clínicos acima mencionados foram também determinados para o grupo de controlo (150).

3.6. Investigações bioquímicas

Tabela 3.1. Lista de parâmetros bioquímicos e respetivo método de estimativa

S.N.	Parâmetros bioquímicos	Método de estimativa
1	LH	Shome e Parlow (1973)
2	FSH	Marshall (1975)
3	Estradiol (E2)	Tietz (1995)
4	Testosterona	Tietz (1995)
5	SHBG	Rosner *et al.*, (1975)
6	Hormona estimulante da tiroide (TSH)	Burger e Patel (1977)
7	Prolactina	Tietz (1995)
8	Açúcar no sangue e teste de provocação com glucose (GCT)	Trinder (1969)
9	Insulina sérica	Frier *et al.*, (1981)
10	Grupos sanguíneos e Rh	Varley e Alan (1984)
11	Ureia	Fawcett e Scott (1960)
12	Creatinina	Jaffe (1886)
13	Colesterol total	Siedel *et al.*, (1983)
14	HDL	Warnick *et al.*, (1985)
15	LDL	-fazer-
16	VLDL	-fazer-
17	TG	Mc Gowan *et al.*, (1983)

Todos os ensaios acima mencionados (Quadro 3.1) foram efectuados com a utilização de analisadores automáticos (A5) (Biosystems, SA, Espanha)

3.7. Análise estatística dos parâmetros clínicos

Todos os dados foram analisados utilizando o SPSS versão 16.0 (SPSS Inc., Chicago, IL, EUA). As estatísticas descritivas das variáveis quantitativas foram calculadas através da média e do desvio padrão (DP). Foi calculada a média dos parâmetros bioquímicos basais para os grupos de estudo na visita e as médias foram comparadas utilizando um teste "t" emparelhado para calcular a significância dos parâmetros bioquímicos. A significância estatística foi fixada em $p < 0,05$.

A síndrome dos ovários poliquísticos (SOP) é a doença endócrina mais comum entre as mulheres em idade reprodutiva. No presente estudo, na fase inicial, foram registadas as caraterísticas sociodemográficas das doentes afectadas pela SOP. Foram também efectuadas investigações gerais e exames clínicos a todas as doentes. O padrão ultrassonográfico das doentes com SOP também foi registado. Mais tarde, foram submetidos a vários exames bioquímicos.

Este capítulo apresenta os resultados de todas as experiências, as interpretações e as discussões adequadas.

4.1. Caraterísticas sócio-demográficas dos doentes com SOP

4.1.1. Distribuição dos doentes com SOP durante o período de estudo

O número de doentes com SOP analisadas durante setembro de 2010 a outubro de 2011 (1 ano e 2 meses) foi registado mês a mês (Fig. 4.1). Em média, foram registados cerca de 11 doentes por mês.

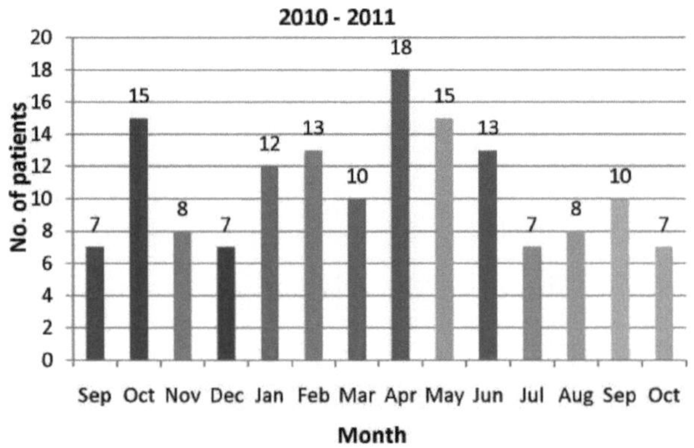

Fig. 4.1. Número de pacientes com SOP registados durante o período de estudo (2010-2011) no distrito de Tiruchirappalli e arredores

4.1.2. Distribuição etária dos doentes com SOP

A SOP é a doença endócrina mais importante nas mulheres em idade reprodutiva, com uma incidência de 4-12% (Knochenhauer et al., 1998). Cerca de 1 em cada 10 (ou) 20 mulheres em idade fértil tem SOP, que também pode afetar raparigas com 11 anos de idade (National women's health information center, EUA, 2010)

Do presente estudo deduz-se que um máximo de 41,3% dos doentes que recorreram ao tratamento da SOP se situava entre o grupo etário dos 26-30 anos, seguido de 29,3% dos doentes entre o grupo etário dos 21-25 anos. 11,3 % pertencem ao grupo etário dos 31-35 anos e 8,7 % ao dos 16-20 anos. Entre os restantes doentes, 4,7% pertencem a ambos os grupos etários, 11-15 e 36-40 (Fig. 4.2).

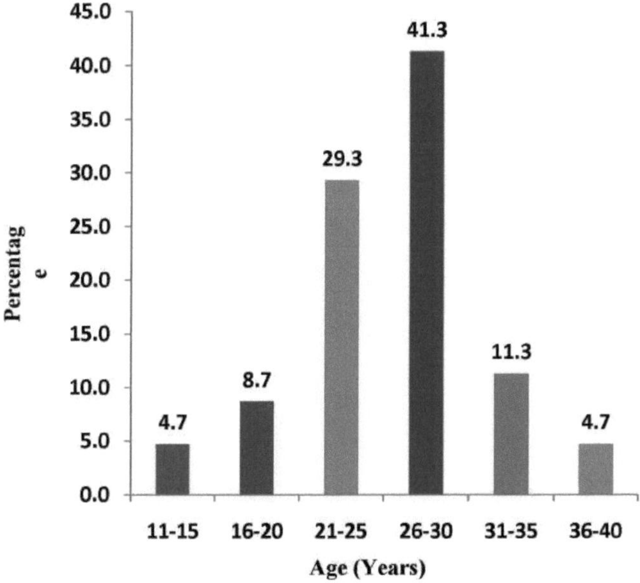

Fig. 4.2. Distribuição etária dos doentes com SOP

A prevalência global de SOP neste grupo de estudo foi consistente com os estudos anteriores (Polson *et al.,* 1988, Abdel Gadir *et al.,* 1992, Clayton *et al.,* 1992, Farquhar *et al.,* 1994, Botsis *et al.,* 1995).

4.1.3. História anterior

A SOP tem uma natureza heterogénea e, devido ao agrupamento familiar, existem provas definitivas da existência de um componente genético na SOP. Lunde et. al. (1989) efectuaram estudos familiares com oligomenorreia e hirsutismo como critérios de diagnóstico. De acordo com o estudo, 6-15% dos familiares de primeiro grau são afectados. Os ovários polissistémicos são detectados em 11 de 15 (73%) irmãs. 10 em 15 (66%) tinham hiperinsulinémia, 13 em 15 (87%) tinham testosterona elevada.

Govind *et al.,* (1999) estudaram 29 probandos e 10 controlos. A deteção de ovários poliquísticos na ecografia pode ser feita com ou sem as caraterísticas bioquímicas ou clínicas utilizadas no diagnóstico. 22% dos familiares de primeiro grau do sexo masculino e 61% dos familiares de primeiro grau do sexo feminino foram afectados. A incidência ou prevalência global é superior à das famílias de controlo.

4.1.3.1. História familiar de ciclo menstrual irregular

A irregularidade menstrual associada à SOP é uma doença crónica que pode apresentar-se de várias formas. No presente estudo, foi registada a história prévia de ciclo menstrual irregular.

Entre as doentes com SOP investigadas durante o período de estudo, 38,7% tinham uma história familiar de ciclo menstrual irregular, as restantes não tinham essa história, o que sugere que o ciclo menstrual irregular é uma das principais causas da SOP. No entanto, no grupo de controlo, apenas 5,3% das doentes tinham um ciclo menstrual irregular (Fig. 4.3).

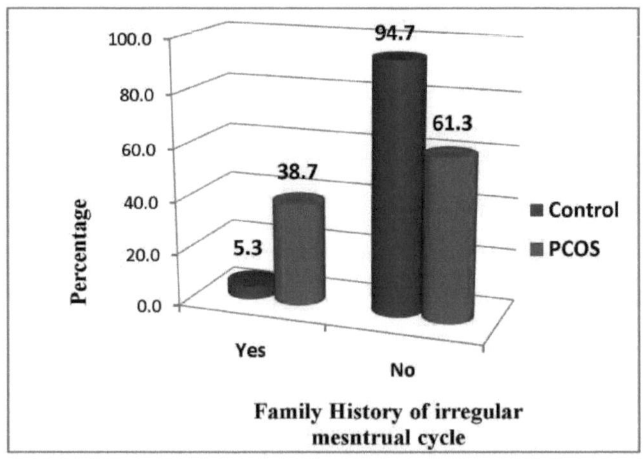

Fig. 4.3. História familiar de ciclo menstrual irregular

A maioria das mulheres com SOP tem problemas crónicos no ciclo menstrual. Têm um historial familiar de períodos irregulares. A amenorreia, a oligomenorreia e os períodos anovulatórios são o problema comum (Azziz et.al., 2004a). A SOP pode ser reconhecida e prevenida na própria adolescência e mesmo as mulheres com infertilidade podem ser tratadas e engravidar. Mas algumas mulheres com infertilidade relacionada com a SOP não estão a responder ao tratamento.

4.2. Inquéritos gerais

4.2.1. Estado civil

Das doentes com SOP, 87,3 % eram casadas e 12,7 % eram solteiras. Esta observação revela que a SOP também afecta as mulheres solteiras. No grupo de controlo, 92% eram casadas e 8% eram solteiras (Fig. 4.4).

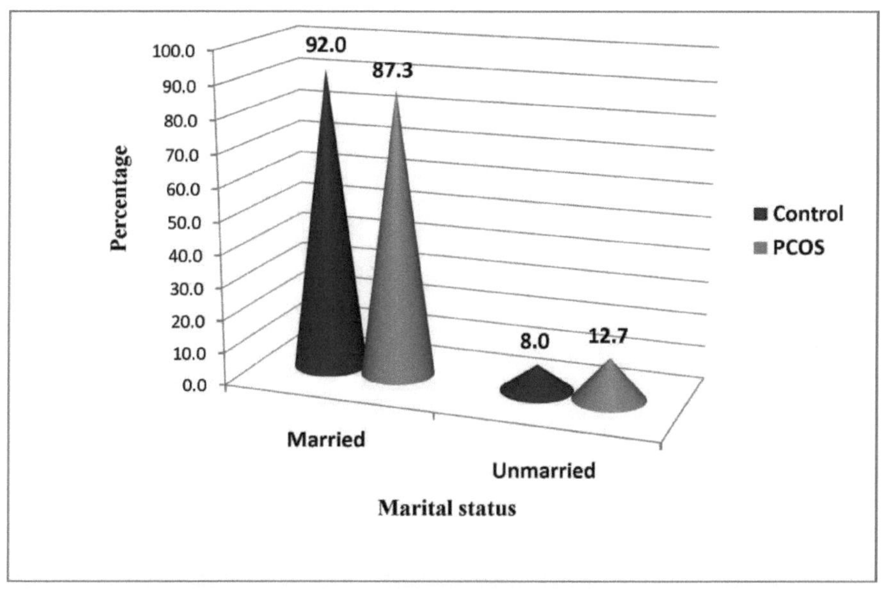

Fig. 4.4. Marital status

De acordo com Zenab Shaker ardekani *et al.*, (2011), 90% dos casos de SOP são registados em mulheres casadas. Este valor é ligeiramente superior ao dos presentes resultados. O facto é que as mulheres casadas com um problema de infertilidade estão a apresentar-se às clínicas, mas as mulheres que voltaram a casar não o fizeram.

4.2.2. Tipos de infertilidade

No presente estudo, dos 87,3% de doentes casados com infertilidade, 74,7% tinham infertilidade primária e os restantes 12,6% tinham infertilidade secundária, o que demonstra que a prevalência da infertilidade primária é muito preocupante. No controlo, de 92% das mulheres casadas notificadas, 10,7% tinham infertilidade primária e 12% tinham infertilidade secundária. 69,3% eram férteis e os restantes 8% eram solteiras (Fig. 4.4 e 4.5).

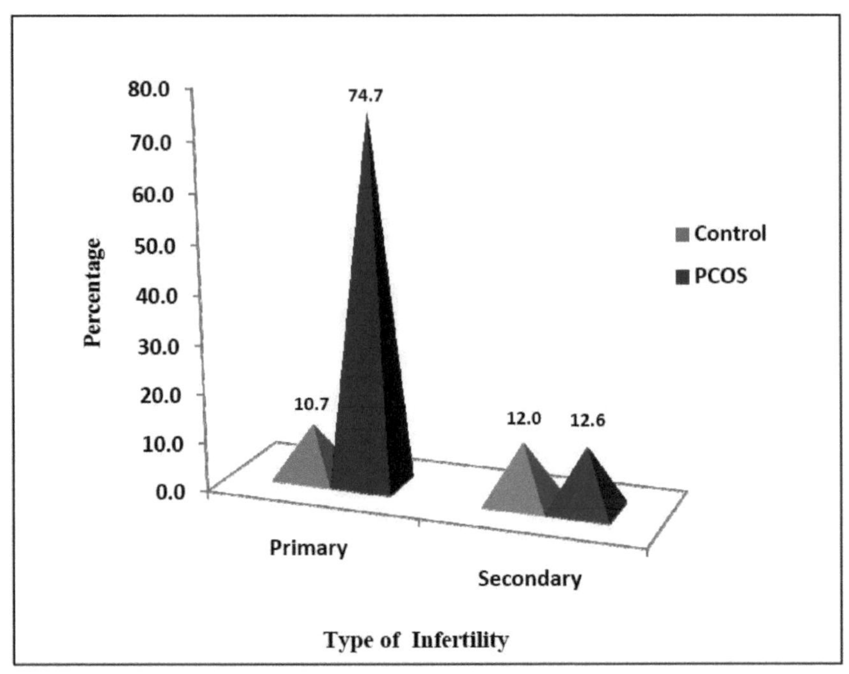

Fig. 4.5. Tipos de infertilidade

A infertilidade devida à anovulação no SOP varia entre 35% e 94% (Franks, 1995).

Uma vez que os sintomas da SOP estão geralmente relacionados entre si, são gravemente subdiagnosticados (Alaina Matcke, 2011). Mas a infertilidade na SOP pode ser diagnosticada através de uma série de análises ao sangue. Através da utilização de hormonas que desencadeiam a ovulação e ajudam na conceção, a SOP pode ser facilmente gerida (Barnes, 1998; Balen, 1999).

Tabela 4.1. Correlação entre idade e infertilidade

S. Não.	Variáveis	Valor de correlação	Inferência estatística
1	Idade e infertilidade	0.523	P<0,01 Significativo

A Tabela 4.1 mostra que as variáveis idade e infertilidade têm uma influência positiva significativa uma sobre a outra. Outros estudos revelam igualmente que, quando a idade aumenta, a possibilidade de infertilidade também aumenta (Bottiglioni e Aloysio, 1982; Menken *et al.,* 1986).

4.2.3. Padrão do ciclo menstrual

A SOP manifesta-se por um amplo espetro de irregularidades menstruais que surgem frequentemente na puberdade ou mais tarde, durante os anos reprodutivos, nas mulheres que sofrem desta síndrome multifacetada.

Entre as doentes com SOP, cerca de 95,3% tinham um ciclo menstrual irregular e apenas 4,7% tinham um ciclo menstrual regular, o que significa que o principal sintoma da SOP era o ciclo menstrual irregular. No grupo de controlo, 92 % das doentes tinham um ciclo menstrual regular e apenas 8 % das doentes tinham um ciclo menstrual irregular (Fig. 4.6).

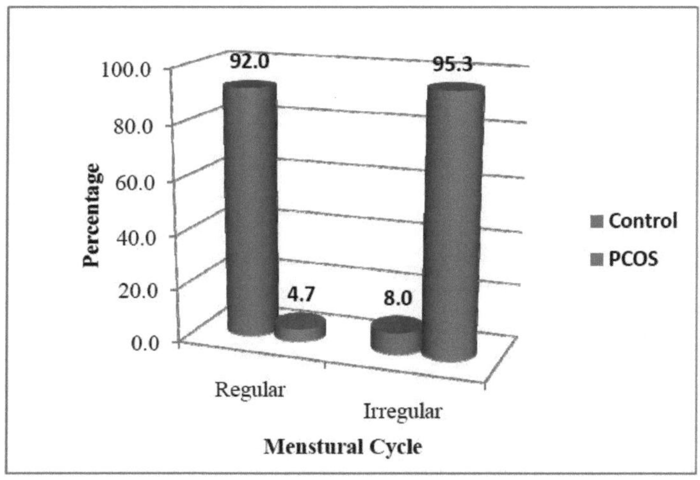

Fig. 4.6. Padrão do ciclo menstrual

As irregularidades menstruais estão sempre associadas à anovulação crónica e à SOP (Franks, 1995). 91% das pacientes com SOP têm ciclos menstruais irregulares (Najem *et. al.,* 2008). Mas uma pequena percentagem destas mulheres também tem um ciclo menstrual "regular". De acordo com Carmina e Lobo (1999), 21% das mulheres com SOP que têm anovulação têm ciclos menstruais regulares. 1079 casos de SOP foram analisados em 187 relatórios numa revisão, sugerindo que existe uma evidência de 16% de menstruação regular (Gold zicher e Axelrod, 1963). Este facto é confirmado num estudo recente, no qual foram analisadas 1741 mulheres, em que 30% das doentes tinham um ciclo menstrual regular (Balen *et. al.,* 1995).

4.2.4. Historial médico dos doentes com SOP com outras doenças

A partir da figura (Fig. 4.7), conclui-se que 66% das mulheres com SOP não tinham historial médico. 10 % tinham diabetes como problema associado. A hipertensão foi observada em 2 % das pacientes. O hipotiroidismo foi observado em 12,7% das doentes e 5,3% das doentes tinham tuberculose. Todas estas são causas secundárias da SOP. 1,3 % tinham outros problemas clínicos. No grupo de controlo, 85,3 % não tinham antecedentes médicos e apenas 14,7 % tinham antecedentes médicos. Dos 14,7%, todas as doenças relatadas com SOP foram diagnosticadas, mas num nível muito insignificante (Fig. 4.7).

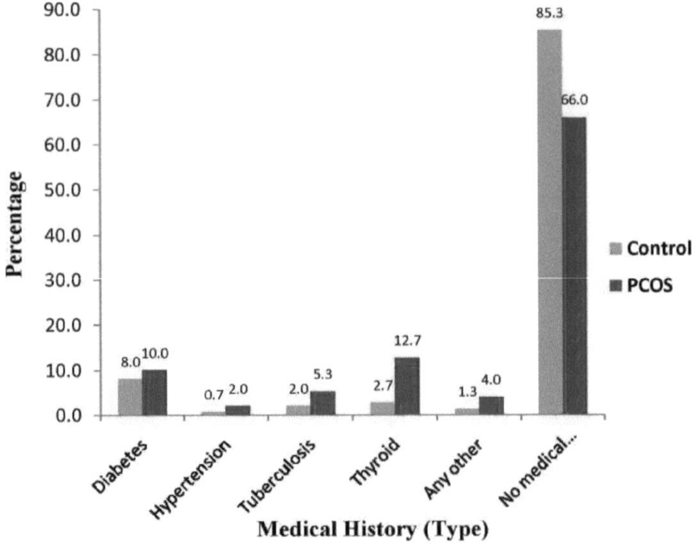

Fig. 4.7 História clínica

O aumento da secreção de LH e a resistência à insulina são sintomas comuns da SOP, o que está associado a um risco acrescido de doença cardiovascular e diabetes mellitus tipo 2 (Ehrmann et.al., 1999).

A resistência à insulina e a diabetes mellitus tipo 2, a dislipidemia, a hipertensão e o aumento do ventrículo esquerdo estão associados à acumulação de gordura visceral na SOP (Lord e Wilkin, 2002). Mas, de acordo com o presente estudo, não existe uma associação elevada entre a tuberculose e qualquer outro historial médico com a SOP.

O hipotiroidismo está por vezes associado à SOP. O nível de SHBG está diminuído durante o hipotiroidismo. Há uma conversão de androstenidiona em testosterona, e ocorre a aromatização em estradiol. Todas estas são as caraterísticas bioquímicas da SOP (Sridhar e Nagamani, 1993).

4.2.5. História cirúrgica dos doentes com SOP

Do estudo, conclui-se que apenas 20,7% das doentes com SOP tinham antecedentes cirúrgicos, das quais 14% já tinham sido submetidas a histerolaproscopia, que é uma cirurgia de diagnóstico para descobrir a razão subjacente à SOP e à infertilidade associada. 4,7% delas foram submetidas a D&C, ao passo que algumas delas foram submetidas a outras cirurgias, como apendicectomia, pilastras, etc., como pré-história de procedimento cirúrgico que não teve qualquer impacto na SOP. No grupo de controlo, quase 95,3 % das doentes não tinham antecedentes cirúrgicos (Fig. 4.8).

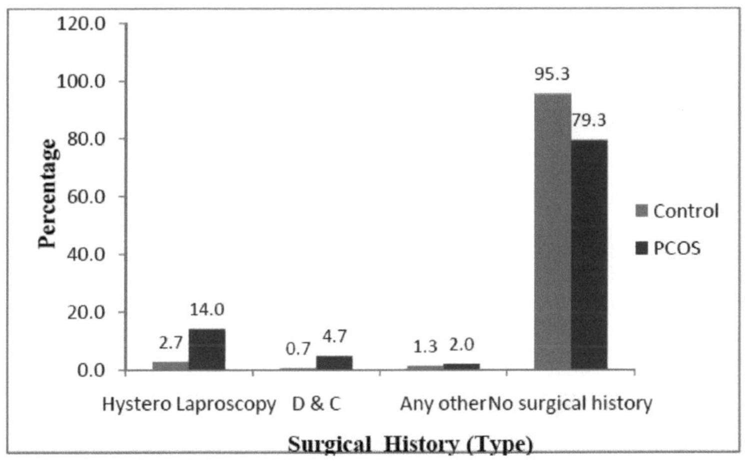

Fig. 4.8 História cirúrgica

A D&C indica a hemorragia irregular ou o aborto precoce em doentes com SOP. A laproscopia é utilizada para a visualização direta do ovário e do útero. Também é utilizada para a perfuração dos ovários na SOP. Identifica os bloqueios tubários, defeitos no ovário e no útero. A análise de 200 pacientes com infertilidade feminina revelou a presença de hipertrofia endometrial, sinéquias uterinas, pólipos endometriais e miomas uterinos (Boudhraa *et. al.*, 2009).

4.3. Investigações clínicas dos doentes com SOP

4.3.1. IMC das doentes com SOP

A obesidade e o IMC elevado estão sempre a alterar muitos sistemas endócrinos. As concentrações anormais de hormonas no sangue alteram o transporte das hormonas e a sua ação ao nível dos tecidos-alvo (Kirschner, 1982; Wajchenberg, 2000).

Relativamente ao IMC das doentes com SOP neste estudo, observou-se que 23,3 % das mulheres tinham excesso de peso, com um intervalo de IMC de 25-29,9 kg/m^2 . 68,7 % das doentes tinham um IMC >30, pertencendo ao grupo das obesas (Fig. 4.9). Assim, conclui-se que a ocorrência de obesidade foi significativamente mais elevada nas mulheres com SOP.

Fig. 4.9 Body Mass Index (BMI)

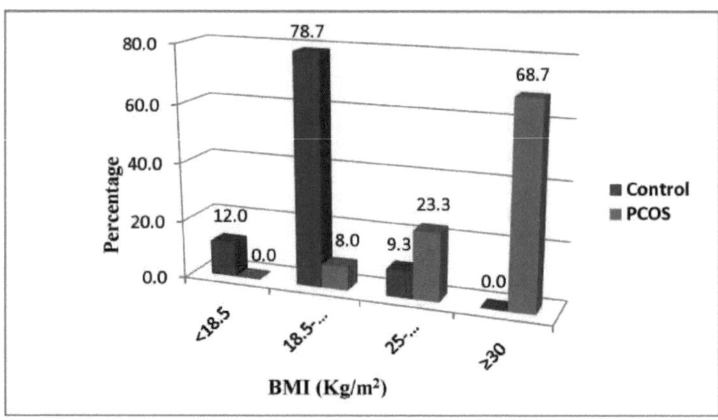

As anomalias hormonais e metabólicas mais graves são as caraterísticas da obesidade. A presença de obesidade abdominal ou visceral irá influenciar negativamente a condição (Gambineri *et. al.,* 2002). A obesidade desempenha um papel fisiopatológico importante no desenvolvimento da SOP.

A resistência à insulina desempenha um papel importante nos doentes obesos. A patogénese da SOP difere entre indivíduos obesos e não obesos (Festa *et. al.,* 2000). Na investigação atual, também um grande número de doentes é afetado pela resistência à insulina e pela hiperinsulinemia. Esta insulina estimula a produção de androgénios nos ovários.

A resistência à insulina e a hiperinsulinémia ocorrem não só em doentes obesos, mas também em mulheres com SOP não obesas. Mas a obesidade actua como um amplificador da resistência à insulina (Poretsky *et. al.,* 1999). A intervenção no estilo de vida para tratar a obesidade melhora a resistência à insulina e as anomalias reprodutivas e metabólicas (Moran e Teede, 2009).

4.3.2. Rácio cintura - anca (RCQ)

A partir da figura (Fig. 4.10), conclui-se que a maioria das doentes com SOP tinha um valor de RCQ superior a 85 cm, o que mostra que as doentes são obesas.

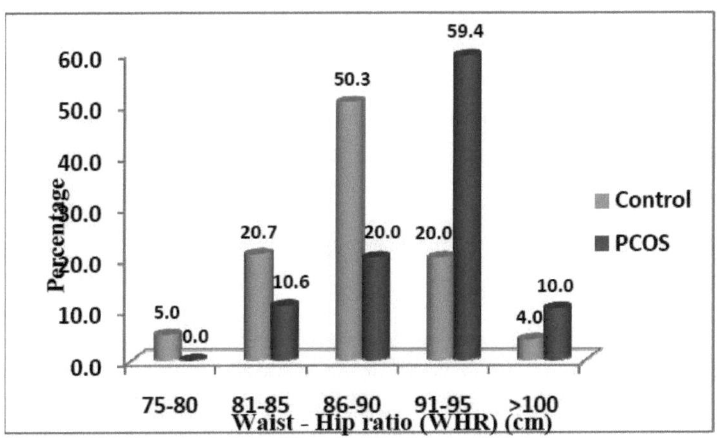

Fig. 4.10. Rácio cintura - anca (RCQ)

A obesidade abdominal é comum em doentes com SOP, observando-se um aumento da RCQ nestes doentes. O aumento da resistência à insulina, a diabetes mellitus tipo 2, a dislipidemia e a hipertensão são complicações associadas à obesidade abdominal.

4.3.3. Hirsutismo em doentes com SOP

O hirsutismo é definido pela presença de pêlos terminais indesejáveis nas mulheres, tal como nos homens adultos. É o melhor marcador clínico de hiperandrogenismo.

No presente estudo (Fig. 4.11, Placa 2), quase 96% das mulheres com SOP tinham hirsutismo com base no seu exame físico. Além disso, o perfil hormonal também teve um impacto no hirsutismo (Fig. 4.18). Enquanto no grupo de controlo apenas 3,3% apresentavam hirsutismo, 96,7% eram normais.

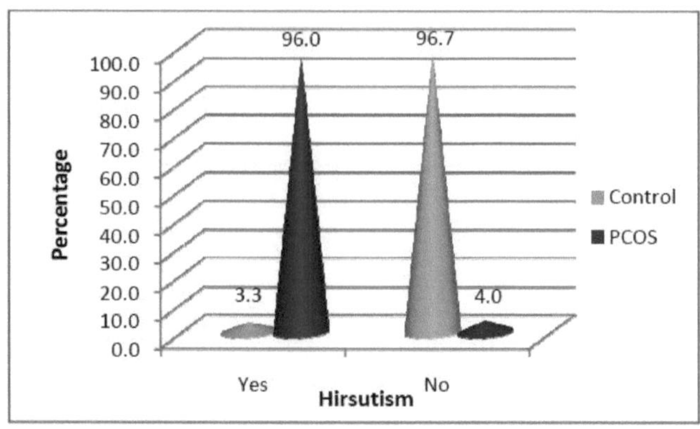

Fig. 4.11. Hirsutismo

O aumento do nível de androgénios ou a sensibilidade excessiva dos folículos pilosos aos androgénios são as causas importantes do hirsutismo. O nível elevado de insulina em circulação também contribui para o desenvolvimento do hirsutismo (Cebeci *et. al.*, 2012)

A insulina em concentrações elevadas estimula as células theca do ovário a produzir androgénio e também ajuda a suprimir a produção de globulina de ligação às hormonas sexuais (Dunaif, 1999; Rosenfield, 2001).

A hiperinsulinemia e a resistência à insulina conduzem à atividade do citocromo P450c17a da suprarrenal no ovário. A maior secreção de androgénios adrenais e ováricos nestas mulheres é causada pela desregulação da enzima do citocromo $P450_c$ 17_a (Rosenfield, 2001; Dunaif, 1999). O presente estudo também confirma a maior incidência de hiperinsulinemia em doentes com SOP (Fig. 4.22).

Foram estudadas 381 pacientes com hirsutismo e/ou oligomenorreia, e um grupo de controlo de 179 mulheres. No Reino Unido (Ferriman e Purdie, 1979), as mulheres com hirsutismo têm tendências familiares com ovários aumentados. Das 188 mulheres com hirsutismo e com presença de ovários dilatados, 38 familiares em primeiro grau tinham hirsutismo, 30 tinham oligomenorreia e 19 sofrem de infertilidade. Das 96 pacientes com hirsutismo e ovários de tamanho normal, os parentes de primeiro grau eram 73, 15 tinham oligomennorreia e 10 tinham infertilidade. Nas 179 mulheres de controlo, as caraterísticas acima referidas são 7, 8 e 8, respetivamente.

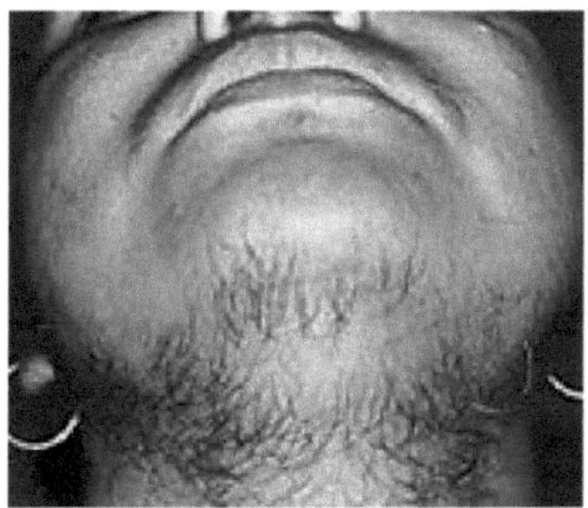

Placa 2. Hirsutismo (aparecimento de um padrão de crescimento de pêlos semelhante ao masculino na mulher) em doentes com SOP

4.3.4. Volume dos ovários esquerdo e direito (estudos ultra-sonográficos)

O aumento da área ou do volume dos ovários é um sinal morfológico externo da SOP. Observou-se que o volume de ambos os ovários era de 5-10 e >10 ml em todas as doentes com SOP. Os resultados mostraram que o elevado volume dos ovários é uma das principais causas da SOP. No grupo de controlo, o volume dos ovários era inferior a 5 ml, o que significa que são normais (Fig. 4.12, 4.13) (Quadro 4).

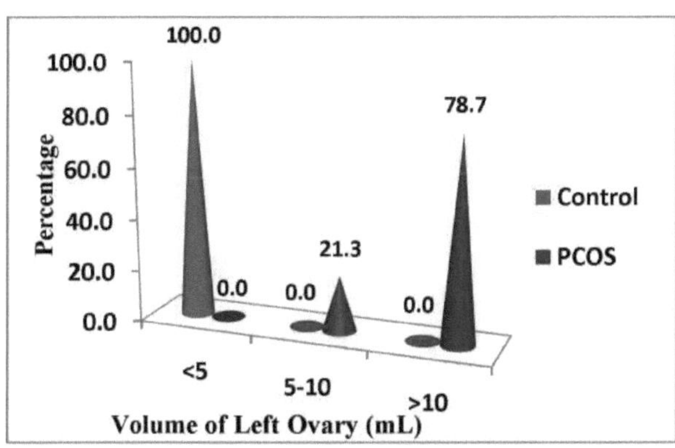

Fig. 4.12. Volume of Left Ovary

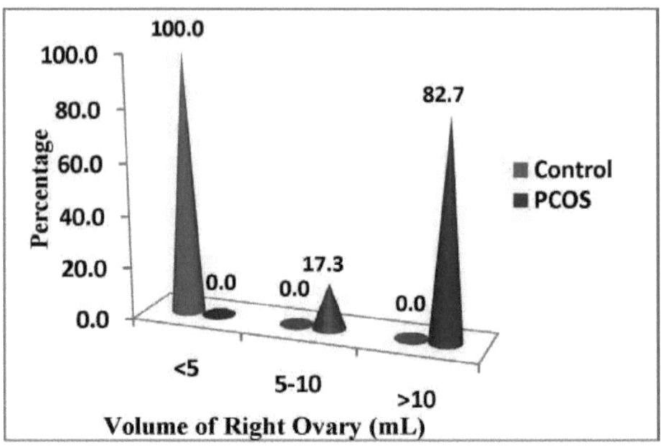

Fig. 4.13. Volume of Right Ovary

Os ovários policísticos são caracterizados por 12 ou mais folículos em pelo menos um dos ovários, que medem cerca de 2-9 mm de diâmetro. O volume dos ovários é superior a 10 cm3. No presente estudo, as doentes com SOP apresentaram um volume ovariano mais elevado do que as do grupo de controlo. Uma observação semelhante foi efectuada por Ficioglu *et al.* (1995). Verificou que o volume dos ovários é mais elevado nas doentes com SOP do que nos controlos.

Swanson *et al.,* (1981) descobriram que o ovário poliquístico é um folículo alargado e arredondado com um volume de 12 cm que consiste num número elevado de pequenos folículos (28 mm) que circundam o córtex do ovário. A importância do tamanho do ovário no diagnóstico da SOP foi estudada (Nicolini, Orsini, Lakhani). Verificou-se uma sobreposição significativa entre ovários normais e SOP. O limite superior do tamanho normal do ovário diminuiu de >10 cm3 para 5,5 cm3 (Robert *et. al.,* 1995).

4.3.5. Contagem de folículos antrais (Estudos ultra-sonográficos)

Num ovário poliquístico, as numerosas estruturas quísticas pequenas, denominadas folículos antrais, são responsáveis pela "natureza policística" caraterística na ecografia (placas 3 e 4). Na prática geral, as doentes com SOP têm geralmente 20 a 100 folículos antrais.

No presente estudo, todas as doentes com SOP tinham uma contagem de folículos antrais superior a 10. 79,3 % das pessoas tinham uma contagem de folículos antrais entre 10-15, enquanto 20,7 % das pessoas tinham uma contagem de folículos antrais superior a 15. No grupo de controlo, todas eram normais e tinham uma contagem de folículos antrais inferior a 10 (Fig. 4.14).

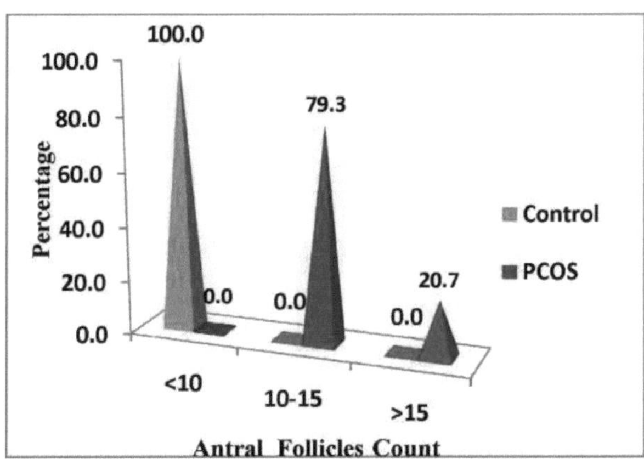

Fig. 4.14. Antral Follicles count

Na presente investigação, foi observada uma contagem significativamente mais elevada de folículos antrais em doentes com SOP resistentes à insulina em comparação com as não resistentes à insulina. Foi encontrada uma contagem mais elevada de folículos antrais em doentes com SOP resistentes à insulina (Angela Falbo *et. al.,* 2009). Existe uma relação direta entre a contagem de folículos antrais e a relação entre a glicose e a insulina (Bayrak *et. al.,* 2007).

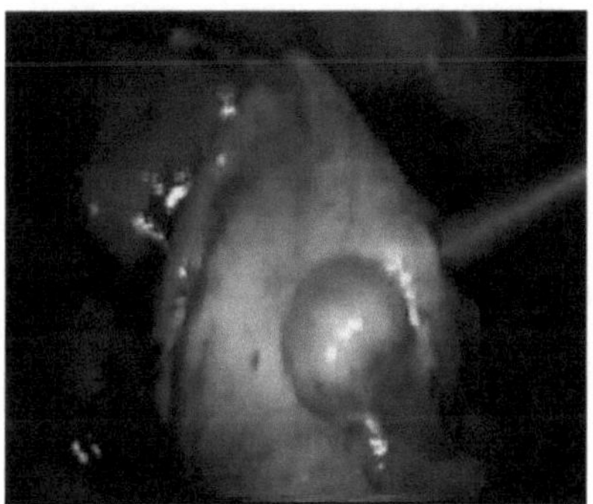

Placa 3. Vista laproscópica de ovários com SOP

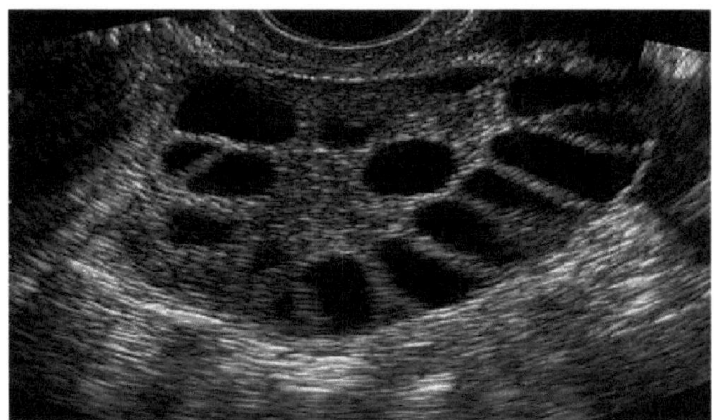

Placa 4. Aspeto ultrassonográfico dos ovários policísticos

4.4. Investigações bioquímicas - I

4.4.1. LH, FSH, rácio LH/FSH, testosterona, SHBG e estradiol

Uma secreção inadequada de gonadotrofinas está associada à forma clássica de SOP. Em comparação com as mulheres com um ciclo menstrual normal, as mulheres com SOP apresentam uma elevação desproporcionada da LH com uma secreção de FSH relativamente baixa e constante. A produção excessiva de testosterona e estradiol, com ou sem sinais clínicos, é uma caraterística consistente da SOP (Wallace e Sattar, 2007) (Fig. 4.15).

Observou-se que o valor médio da FSH nas doentes com SOP era de 4,9 ± 1,5 mUI/mL e no controlo era de 5,7 ± 2,2 mUI/mL ($p<0,05$) (Fig. 4.15).

No que diz respeito à LH, observou-se que o valor médio das doentes com SOP era de 7,3 ± 4,1 mUI/mL e no controlo era de 6,2 ± 2,7 mUI/mL, sugerindo que existe uma hiper secreção de LH nas doentes com SOP ($p<0,007$) (Fig. 4.15).

O rácio de LH para FSH era >3 em 20,7% dos doentes, >2 em 25,3% dos doentes. Era >1 em 34% dos doentes e <1 em 20% dos doentes. No grupo de controlo, apenas 2,7% das doentes tinham uma relação LH/FSH >3, o que representa que quase todas têm uma relação LH:FSH normal (Fig. 4.16).

Observou-se que o valor médio de estradiol em doentes com SOP era de 78,4 ± 23,5 pg/mL, o que é marginalmente mais elevado do que no controlo, com um valor médio de 75,2 ± 21,9 pg/mL ($p<0,492$) (Fig. 4.17).

Também se deduz do presente estudo que o valor médio de testosterona nos doentes com SOP foi de 75,2 ± 45,3 g/dL e o grupo de controlo teve um valor médio de 60,9 ± 16,2 g/dL ($p<0{,}001$) (Fig. 4.18).

Foi observada uma diminuição do nível de SHBG nas doentes com SOP, com um valor médio de 37,8 ± 18,9 nmol/L, enquanto no controlo foi de 51,7 ± 38,4 nmol/L ($p<0{,}001$) (Fig. 4.18).

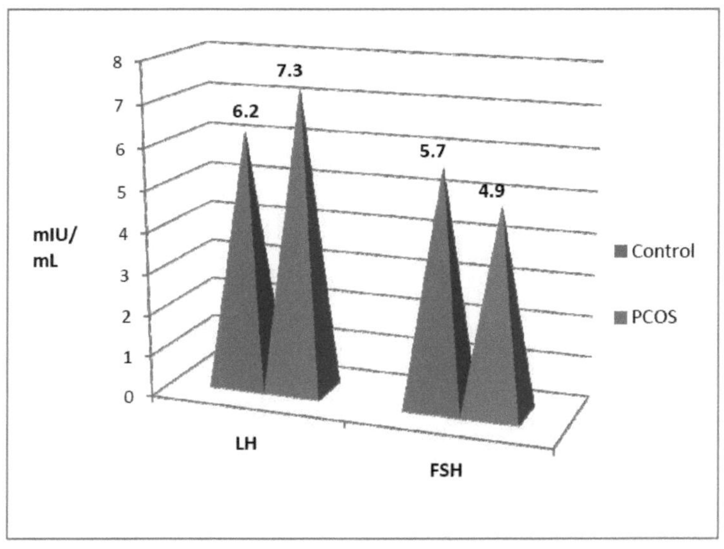

Fig. 4.15. Níveis médios de LH e FSH

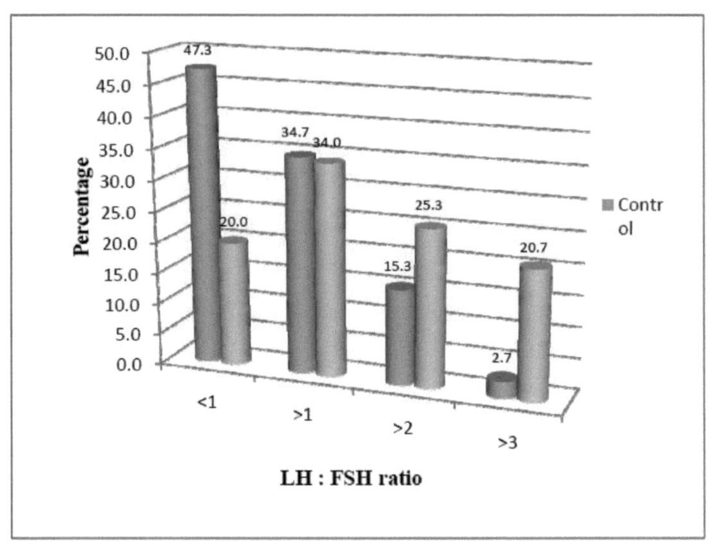

Fig. 4.16. Rácio LH:FSH

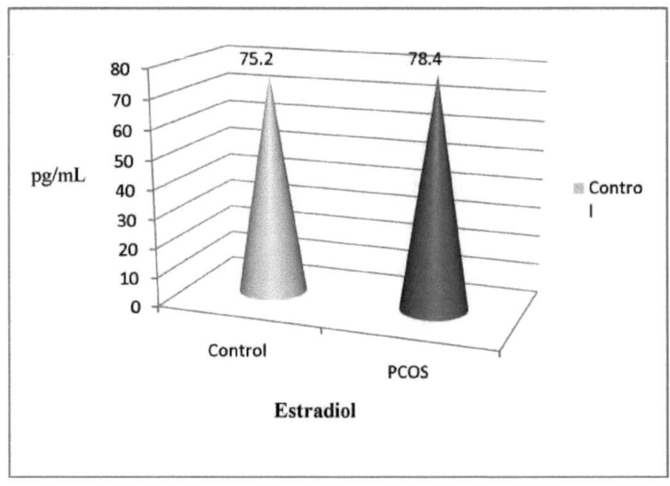

Fig. 4.17. Mean levels of Estradiol

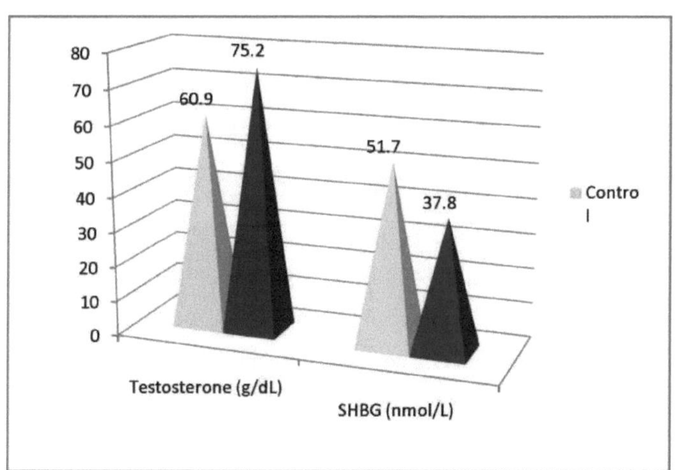

Fig. 4.18. Níveis médios de testosterona e SHBG

Assim, infere-se do nosso estudo que os doentes com SOP apresentam níveis elevados de LH (Fig. 4.15) e testosterona (Fig. 4.18). Há uma elevação marginal no nível de estradiol (Fig. 4.17), mas não foi estatisticamente significativa. Os níveis de FSH e SHBG estavam significativamente diminuídos nestes doentes (Fig. 4.15, 4.18).

Os níveis urinários de LH e FSH foram observados em mulheres com hirsutismo, obesidade, amenorreia e ovários poliquísticos (McArthur *et. al.*, 1958). Foi observado pela primeira vez por Stein e Leventhal (1935). A elevação da LH em relação à FSH foi demonstrada por Yen *et al.*, (1970). O aumento da LH é a caraterística mais comum da SOP. Ocorre o aumento da frequência de pulso de LH e da amplitude de LH (Wald Streicher *et. al.*, 1988). A FSH será normal ou baixa, o que leva à elevação da relação LH:FSH quando comparada com as mulheres de controlo com ciclo normal numa fase folicular precoce.

Uma concentração mais elevada de LH na fase de crescimento folicular é prejudicial para o desenvolvimento do oócito. A LH entra no folículo, o que provoca a conclusão prematura da maturação do oócito. A estimativa da FSH é uma forma direta de avaliar a reserva ovárica, que é considerada uma indicação da capacidade de reprodução.

Na SOP, foi observada uma anomalia no eixo hipotálamo-hipófise-ovário ou suprarrenal.

A perturbação da pulsação da hormona libertadora de gonadotrofinas provoca o aumento da libertação de LH e FSH (Yen, 1980). O mecanismo de feedback do estrogénio ovárico desempenha um papel fundamental no aumento discriminado da libertação de LH (McKenna, 1988). Por este motivo, o rácio entre os níveis de LH e FSH é de 2 para 1 e inverte-se, podendo por vezes ser de 2 ou 3 para 1. Isto é observado em 60% das pacientes com SOP (Richard e Ricardo, 2003). Cerca de 2/3rd das mulheres com SOP apresentam um rácio LH: FSH elevado.

Milsom *et al.,* (2003) efectuaram uma avaliação detalhada do efeito dos ensaios monoclonais no rácio LH/FSH da SOP. O rácio de um ou superior a um permite uma separação fiável entre as mulheres de controlo e as mulheres com SOP. Para além disso, a LH é elevada nas mulheres magras quando comparada com as doentes com SOP obesas (Taylor *et. al.,* 1997). Este padrão significa uma maior contribuição para o excesso de síntese de androgénio a partir da LH numa mulher magra. Mas nas mulheres obesas, os níveis de insulina muito elevados desempenham um estímulo importante, pelo que é necessário que a LH seja elevada. A informação valiosa sobre a fase do ciclo menstrual ou outras anomalias, como a falência ovárica prematura, pode ser obtida através da medição das concentrações circulantes de estradiol e progesterona.

O estradiol é uma forma de estrogénio que é produzida pelo ovário. É sempre medido na monitorização de rotina da infertilidade. O nível elevado de LH na SOP estimula a luteinização das células que rodeiam o folículo, o que resulta numa mudança da produção hormonal ovárica para um nível mais elevado de testosterona, o que leva a uma alteração dos níveis de estrogénio. No presente estudo, a LH elevada também pode ser a razão importante para a elevação marginal do nível de estradiol, tal como observado por Franks *et al.* (2000).

A testosterona é o principal androgénio circulante que tem uma contribuição adrenal (25%) e ovárica (25%). É produzida principalmente pela conversão periférica da androstenediona circulante (Wilson, 2001). Não existe consenso sobre qual será o melhor androgénio a ser medido para o limite superior consistente com a SOP, mas é comummente aceite que a escolha da investigação do hiperandrogenismo feminino é a testosterona (Azziz *et. al.,* 2009).

Num estudo para determinar a melhor hormona de diagnóstico do SOP, a testosterona representa 70% (Robinson *et. al.,* 1992). Este resultado é consistente com o presente estudo (Fig. 4.18). Num estudo com 1741 mulheres com SOP, um terço delas apresentava um nível elevado de testosterona sérica (Balen *et. al.,* 1995).

Tabela 4.2. Correlação entre Hirsutismo e Testosterona

S. Não.	Variáveis	Valor de correlação	Inferência estatística
1	Hirsutismo e testosterona	0.298	P<0,05 Significativo

A partir da Tabela 4.2, infere-se que a testosterona teve uma influência positiva no hirsutismo. O hiperandrogenismo clínico inclui o hirsutismo, o acne e a alopecia de padrão masculino (Azziz *et al.,* 2004b). O hirsutismo na mulher representa o tipo masculino de crescimento e distribuição terminal do pelo. Isto deve-se ao nível de aumento da testosterona livre circulante.

Tabela 4.3. Correlação entre SHBG e testosterona

S. Não.	Variáveis	Valor de correlação	Inferência estatística
1	SHBG e testosterona	0.298	P<0,05 Significativo

É evidente na Tabela 4.3 que os níveis elevados de insulina no fígado resultam numa redução dos níveis de SHBG, o que aumenta ainda mais os níveis de androgénios livres (Nestler *et al.,* 1991).

4.4.2. Hormona estimulante da tiroide (TSH)

Não existe uma deteção única de diagnóstico para a SOP. As principais investigações envolvem a prolactina e a TSH para a exclusão de outras doenças. A testosterona SHBG e o índice de androgénios livres são utilizados para avaliar o estado dos androgénios (Norman *et. al.,* 2007).

O valor médio de TSH em doentes com SOP é de 3,2 ± 2,5 µIU/mL e no controlo foi de 2,6 ± 1,4 µIU/mL ($p<0,03$). Se o nível de TSH for maior, o nível da hormona tiroideia será menor. Assim, foi observado hipotiroidismo entre os doentes com SOP no presente estudo (Fig. 4.19).

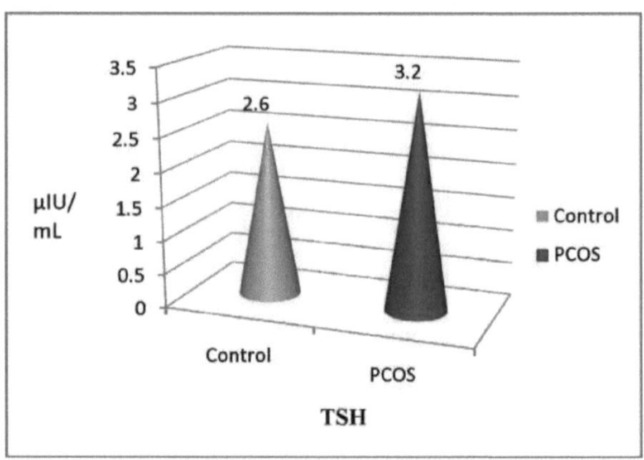

Fig. 4.19. Mean levels of TSH

A TSH parece ser um indicador sensível do hipotiroidismo. A incidência de hipotiroidismo na idade reprodutiva é de até 4% e está associada a um vasto espetro de perturbações relacionadas com a reprodução, que vão desde irregularidades menstruais a infertilidade e abortos (Poppe e Glioner, 2003). A responsabilidade da tiroide nos ovários pode ser bem explicada pela presença do recetor da hormona tiroide nos ovócitos humanos.

Também afecta o metabolismo do estrogénio, diminuindo assim a produção de SHBG (Thomas e Reid, 1987; Krassas, 2000; Poppe *et. al.,* 2007) e aumentando a testosterona livre. O principal fator importante é a testosterona, que contribui para os sintomas da SOP, como ovários poliquísticos, infertilidade, hirsutismo ou crescimento excessivo de pêlos faciais, queda de cabelo de padrão masculino e acne (Salmi *et. al.,* 2004). Nos presentes resultados, também o número máximo de doentes com SOP sofria de hirsutismo (Fig. 4.11). Uma causa ligeira de hipotiroidismo pode complicar os problemas de SOP, como a obesidade.

4.4.3. Prolactina

O presente estudo revelou que existe um valor médio elevado de prolactina no estado de SOP. Foi de 12,6 ± 8,2 ng/mL na SOP, no controlo foi de 10,1 ± 4,5 ng/mL. Verificou-se uma boa diferença estatística entre o teste e o controlo ($p<0,002$) (Fig. 4.20).

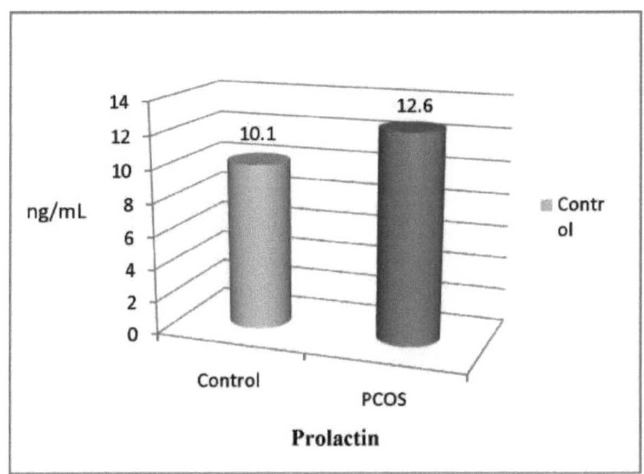

Fig. 4.20. Mean levels of Prolactin

O presente estudo mostra um estado de hiperprolactinemia nas doentes com SOP, o que é óbvio pelos níveis elevados de prolactina em comparação com as mulheres saudáveis.

Existe uma presença de hiperprolactinemia ligeira que é registada em 5-30% dos doentes com SOP (Luciano *et. al.,* 1984; Franks 1989). A hiperprolactinemia é tranquila e transitória, apenas 3-7% dos doentes com SOP com hiperprolactinemia apresentam níveis elevados de prolactina (Bracero e Zacur, 2001).

As causas da hiperprolactinemia durante a gravidez são o exercício, a estimulação da parede torácica, a alimentação, a ingestão de medicamentos e os adenomas hipofisários (Irfan et. al., 2009). Os doentes com SOP com níveis aumentados de TSH e prolactina no presente estudo podem ser investigados para outras causas de hipotiroidismo e hiperprolactinemia (Fig. 4.20). O hipotiroidismo primário também pode causar hiperprolactinemia. Nos presentes resultados, alguns indivíduos saudáveis também sofriam de hipotiroidismo e hiperprolactinemia.

4.5. Investigações bioquímicas - II

4.5.1. Agrupamento sanguíneo

No presente estudo, a maioria dos doentes com SOP pertencia ao grupo sanguíneo B+ve (30,7%) e O+ve (35,7%), seguido do grupo sanguíneo A_1 +ve (24,7%). Outros doentes pertencem a A_1 -ve (3,3 %), A_1 B (2,7 %), A_2 (1,3 %), B-ve (1,3 %) e O-ve (0,7 %) (Fig. 4.21). Em geral, não existem provas preliminares da ligação entre o grupo sanguíneo e o SOP.

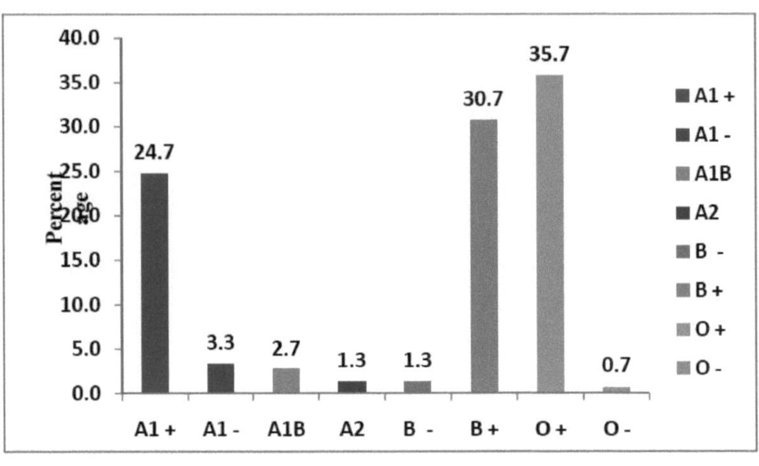

Blood Grouping

Fig. 4.21. Grupos sanguíneos e Rh

4.5.2. Glicose no sangue em jejum, GCT e Insulina

A SOP é considerada como o principal risco para o desenvolvimento de diabetes tipo 2. O rastreio da diabetes é recomendado de acordo com as diretrizes da Associação Americana de Diabetes (American Diabetes Association, 2010).

A resistência à insulina é o principal sintoma da SOP. Foi registada uma insulina elevada com um valor médio de 15,1 ± 8,1 mIU/mL nos doentes com SOP. No controlo foi de 6,5 ± 2,5 mIU/mL ($p<0,001$) (Fig. 4.22).

A resistência à insulina e a intolerância à glucose são as principais caraterísticas da SOP. Todos os doentes foram testados para a GCT. Foi observado um nível elevado de GCT com um valor médio de 125,0 ± 27,6 mg/dL entre as doentes com SOP. No grupo de controlo, esse valor foi de apenas 98,6 ± 14,9 mg/dL ($p<0,001$) (Fig. 4.23).

Neste estudo, antes de entrarem na fase diabética, os doentes foram submetidos a um rastreio de hiperinsulinemia e o tratamento foi administrado. O tratamento com metformina reduz o nível de glucose no sangue em jejum nos doentes com SOP (Fig. 4.24).

Após o tratamento com metformina, o valor da insulina reduziu-se para 10,8 ± 7,4 mIU/mL ($p<0,001$). O nível de GCT também foi reduzido para 110 ± 12,6 mg/dL ($p<0,001$) (Fig. 4.22, 4.23). 92 pacientes (61,3%) engravidaram após o tratamento.

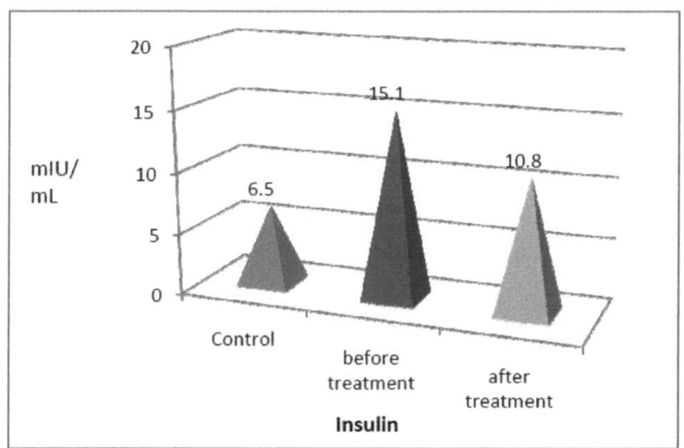

Fig. 4.22. Níveis médios de insulina sérica (Controlo, SOP e SOP tratados com metformina)

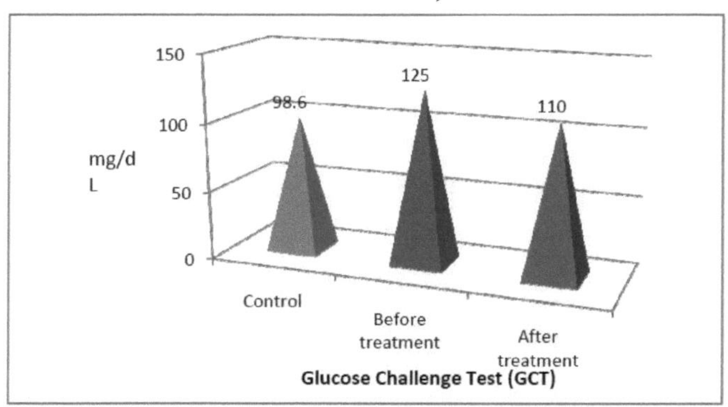

Fig. 4.23. Níveis médios de GCT (Controlo, SOP e SOP tratados com metformina)

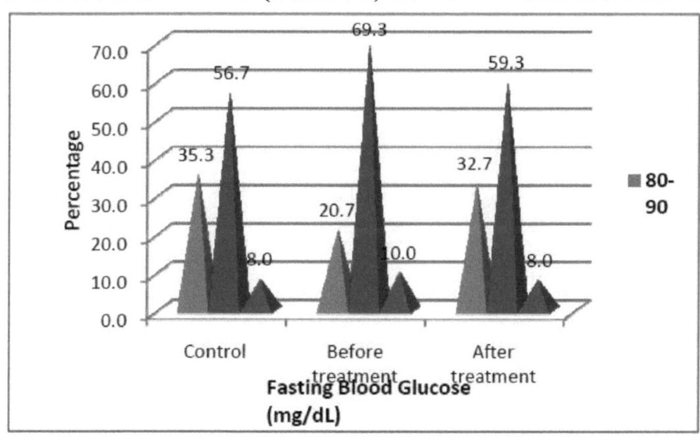

Fig. 4.24. Glicose no sangue em jejum (Controlo, SOP e SOP tratados com metformina)

No presente estudo, a frequência da resistência à insulina foi significativamente mais elevada nas mulheres com SOP. Também apresentam uma tolerância à glucose diminuída. As mulheres com SOP correm um grande risco de desenvolver diabetes mellitus tipo 2 após os 40 anos de idade. Uma vez que, no presente estudo, a maioria das doentes pertence ao grupo etário dos 21-30 anos, não há um grande número de doentes diabéticas. As mulheres com SOP que apresentam resistência à insulina mais precoce e as pacientes obesas têm mais hipóteses de desenvolver diabetes. Sabe-se que a IGT é um fator de risco para o desenvolvimento de diabetes franca.

A história familiar de diabetes piora a secreção de insulina e a tolerância à glucose na SOP (Ehrmann *et. al.,* 1995). Os familiares em primeiro grau com diabetes apresentam um risco acrescido de intolerância à glucose. Mas existe um risco acrescido de SOP nas mulheres sem um familiar de primeiro grau com diabetes, que foi relatado na população geral dos EUA (Haruis *et. al.,* 1987, 1998; Haffne, 1995) e que foi superior ao das mulheres de controlo. A idade, o IMC, a RCQ e a história familiar de diabetes são os factores associados à intolerância à glicose na SOP, sendo idênticos aos de outras populações (Harris *et al.,* 1987; Eriksson *et al.,* 1989; Warram *et al.,* 1990; Haffner, 1995).

A patogénese da diabetes tipo 2 é semelhante em todos estes grupos. Mas o defeito genético subjacente, que confere resistência à insulina e disfunção das células P, interage com factores ambientais que agravam a resistência à insulina (Reaven, 1988; Warram *et al.,* 1990; Lillioja et *al.,* 1993; Haffner, 1995; DeFronzo, 1997).

Os mecanismos envolvidos na resistência à insulina são complexos e têm uma contribuição genética e ambiental. A redução da secreção de insulina, a diminuição da gluconeogénese hepática, as anomalias na sinalização dos receptores de insulina são algumas das anomalias do metabolismo da insulina identificadas em doentes com SOP (Dunaif e Finegood, 1996; O'Meara *et al.,* 1993).

O excesso de produção de androgénios estimulado pela insulina está presente, mas o seu papel no metabolismo da glicose está comprometido (Dunaif, 1997). Assim, a resistência à insulina na SOP resulta em hiperinsulinemia que está associada a efeitos complexos na regulação do metabolismo lipídico. A síntese de proteínas e a modulação da produção de androgénios também ocorrem. A causa da resistência à insulina é também multifatorial, com contributos genéticos e ambientais (Diamanti-Kandarakis e Papavassiliou, 2006). As mulheres magras têm anomalias na secreção e na ação da insulina quando comparadas com as mulheres de controlo com o mesmo peso (Dunaif *et. al.*, 1989). As mulheres com excesso de peso com SOP têm resistência à insulina associada à adiposidade, que é diferente da resistência à insulina que persiste nas mulheres magras com SOP.

Com base nos resultados do presente estudo, a TCG e o teste de rastreio da insulina devem ser recomendados especialmente para os doentes com SOP. Entretanto, estima-se que o número de pessoas com diabetes no mundo duplique entre 2000 e 2030, com base apenas nas alterações demográficas (Wild *et al.,* 2004). Por conseguinte, é importante o diagnóstico precoce e a prevenção das complicações da diabetes, especialmente no grupo de alto risco como o SOP. A presença de condições metabólicas também se justifica nos familiares de mulheres com SOP.

Tabela 4.4. Correlação entre insulina e TCG

S. Não.	Variáveis	Valor de correlação	Inferência estatística
1	Insulina e TCG	0.427	P<0,01 Significativo

Observa-se na Tabela 4.4 que a insulina teve uma correlação positiva com a TCG. A resistência à insulina na SOP é diagnosticada pelo GTT. O melhor preditor de resistência à insulina é o TOTG de 2 horas, que é extremamente útil na categorização de pacientes com risco de diabetes mellitus tipo 2 (Carnevale Schianca *et al.,* 2003).

4.5.3. Ureia e creatinina

Os níveis basais de ureia e creatinina podem ser úteis na identificação de doentes com doença renal subjacente e que possam estar em risco de maior toxicidade com a terapêutica medicamentosa. Mas o impacto da SOP nestes dois parâmetros ainda não foi estabelecido.

Como investigação regular, a ureia e a creatinina foram analisadas para as doentes com SOP e para o grupo de controlo. O valor médio da ureia na SOP e no grupo de controlo foi de 17,5 ± 5,2 mg/dL, 17,9 ± 4,7 mg/dL ($p<0,441$). O nível de creatinina foi de 1,1 ± 0,61 mg/dL, 0,70 ± 0,14 mg/dL na SOP e no controlo, respetivamente ($p<0,333$) (Fig. 4.25, 4.26).

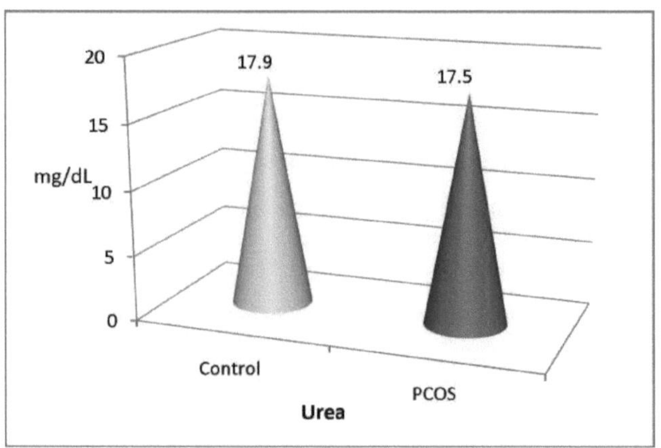

Fig. 4.25. Mean levels of Urea

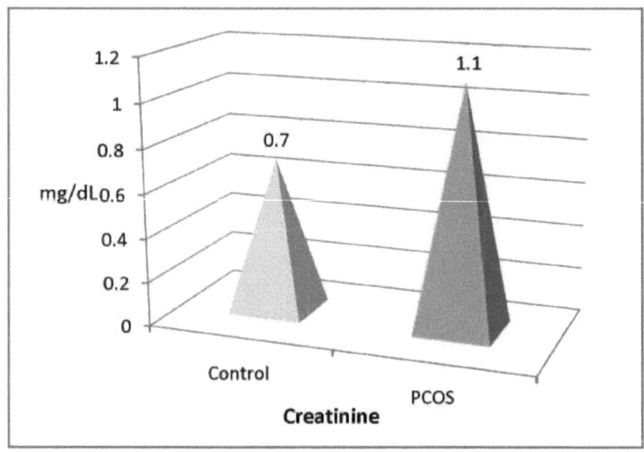

Fig. 4.26. Níveis médios de creatinina

De acordo com este estudo, não é necessário efetuar medições de rotina da ureia e da creatinina em doentes com SOP. Existem alguns relatórios em que o nível de ureia é mais elevado no grupo SOP do que em indivíduos saudáveis normais, grupos obesos não SOP (Manal Kamal *et. al.,* 2010)

4.5.4. Perfis lipídicos

As anomalias lipídicas, incluindo níveis elevados de LDL, triglicéridos e diminuição do HDL, são frequentemente encontradas em mulheres com SOP. É evidente que a obesidade, a resistência à insulina e o hiperandrogenismo coexistem na SOP e têm efeitos independentes e interactivos na dislipidemia, embora os mecanismos destas interações permaneçam indefinidos. A dislipidemia é uma das consequências metabólicas mais desconcertantes e, em conjunto com a resistência à insulina, aumenta o risco de diabetes e doenças cardiovasculares em mulheres com a síndrome.

Uma vez que a obesidade é a caraterística comum da SOP, a análise do perfil lipídico é obrigatória para todos os doentes. O nível de LDL, VLDL e TG estava aumentado, enquanto o nível de HDL estava diminuído nas doentes com SOP no presente estudo (Fig. 4.27a).

O valor médio de LDL nas doentes com SOP foi de 103 ± 24,8 mg/dL e no controlo foi de 89,4 ± 18,5 mg/dL.

O valor médio de VLDL foi de 21,0 ± 14,0 mg/dL nas doentes com SOP e de 16,1 ± 3,6 mg/dL no grupo de controlo (P<0,001).

Relativamente aos TG, o valor médio foi de 97,2 ± 38,8 mg/dL nas doentes com SOP, enquanto no controlo foi de 89,1 ± 30,3 mg/dL (p<0,046).

O valor médio de HDL para as doentes com SOP foi de 32,9 ± 4,2 mg/dL e no controlo foi de 41,8 ± 10,5 mg/dL (p<0,001).

O nível de colesterol total para as doentes com SOP foi de 162,9 ± 28,0 mg/dL e no controlo foi de 140,4 ± 31,3 mg/dL (p<0,001) (Fig. 4.27a).

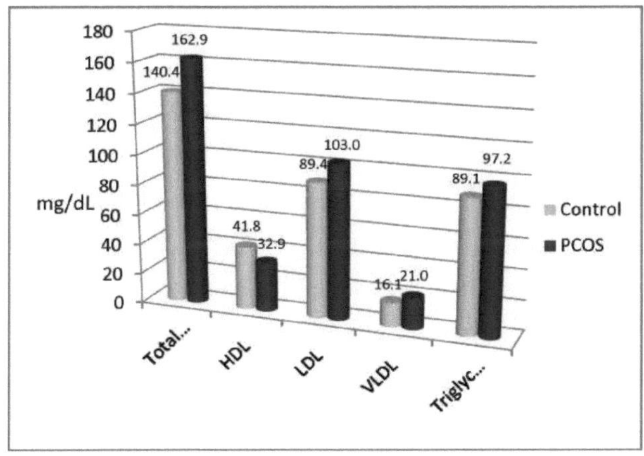

Fig. 4.27a. Mean levels of Lipids

O perfil lipídico com maior aterogenicidade é confirmado pelo presente estudo. Verificou-se um aumento acentuado dos níveis de TG, colesterol total e colesterol LDL em combinação com uma diminuição do colesterol HDL nas mulheres com SOP. As mulheres obesas com SOP e hiperandrogenismo têm um perfil lipídico mais aterogénico. Os dados clínicos do presente estudo são consistentes com os estudos anteriores sobre a presença de dislipidemia nas mulheres com SOP (Robinson *et al.*, 1996; Talbott *et al.*, 1998; Legro *et al.*, 2001; Gambineri *et al.*, 2002).

Na investigação atual, o nível de TG mostrou um aumento considerável nas mulheres com SOP. A acumulação aumentada de TG produz metabolitos em excesso, como ácidos gordos, diacilglicerol e ceramidas. Estes podem provocar uma via não-oxidativa deletéria e induzir lipotoxicidade (Unger, 2002). Os níveis de triglicéridos são o principal fator que contribui para a adiposidade nas mulheres com SOP (Lambrinoudak *et al.*, 2006).

O presente estudo revela claramente que o aumento significativo do colesterol LDL (Fig. 4.27a) também pode ser um agente causador de doenças cardiovasculares (Ferretti *et al.*, 2005). A diferença de níveis de lipoproteínas induz um estado patológico que pode danificar os tecidos, induzir a proliferação de tecidos e a inflamação, particularmente no sistema cardiovascular (Blanco-Colio *et al.*, 2007). O aumento significativo do colesterol indica as alterações primárias no metabolismo lipídico em doentes com SOP (Terceiro relatório do painel de peritos do National Cholesterol Education Program, 2002).

A diminuição do colesterol HDL sugere um risco precoce de doença cardiovasculares. Como o HDL remove o colesterol dos tecidos, o papel antiaterogénico do HDL será baixo nestes grupos (Mackness *et al.*, 2002). Existe uma influência adicional do perfil lipídico nas mulheres com SOP, que é independente do IMC e está centrada no metabolismo do HDL. O hiper androgenismo afecta o metabolismo lipídico através da atividade da lipase hepática. Esta enzima tem um papel no catabolismo das partículas de HDL, significativamente regulado pelos androgénios no estudo de transexuais femininos para masculinos (Elbers *et. al.*, 2003) e em mulheres que utilizam esteróides anabolizantes androgénicos (Haffner *et. al.*, 1983). O perfil lipídico alterado tem efeitos adversos em mulheres com SOP (Dahlgren *et al.*, 1992).

Tabela 4.5. Correlação entre o IMC e o colesterol total

S. Não.	Variáveis	Valor de correlação	Inferência estatística
1	IMC e colesterol total	0.387	P<0,01 Significativo

A Tabela 4.5 permite inferir que o IMC e o colesterol total têm uma correlação positiva entre si. O perfil lipoproteico das mulheres com ovários poliquísticos está significativamente distorcido. Apresentam concentrações elevadas de TG no soro e de colesterol total e LDL (Legro *et al.*, 2004). Por outro lado, o nível de HDL, subfracção (HDL2) é suprimido. A evidência indica claramente que as mulheres com SOP têm um risco acrescido de desenvolver doenças cardiovasculares (Raikowha *et al.*, 2000).

Em todas as investigações bioquímicas, as doentes do presente estudo foram submetidas a um diagnóstico precoce. Foi observada uma diferença estatisticamente significativa entre as doentes de controlo e as doentes com SOP na maioria dos parâmetros bioquímicos.

CAPÍTULO 5 CONCLUSÃO

As conclusões do presente estudo, baseadas em objectivos, são as seguintes

I. Caraterísticas sociodemográficas e pré-história dos pacientes

- 41% dos doentes estudados tinham entre 26 e 30 anos de idade.
- Cerca de 40% das doentes com SOP tinham antecedentes familiares de ciclos menstruais irregulares e 95,3% das doentes do presente estudo também tinham ciclos menstruais irregulares.
- A SOP é diagnosticada tanto em mulheres casadas (87,3%) como em mulheres solteiras (12,7%).
- Nas mulheres casadas, a infertilidade primária (74,7%) foi significativamente mais elevada do que a infertilidade secundária (12,6%).

II.Investigações clínicas, bioquímicas e o efeito da metformina em doentes com SOP

- Verificou-se que o IMC, a RCQ, o hirsutismo, o volume dos ovários e a contagem antral eram elevados nas doentes com SOP. 68,7% das pessoas tinham um IMC elevado e eram obesas.
- A testosterona é o marcador de eleição para diagnosticar o hiperandrogenismo que resulta em hirsutismo, que foi registado em 92% dos doentes.
- A metformina desempenha um papel importante na redução da TCG e da hiperinsulinemia. 92 pacientes (61,3%) conceberam após o tratamento com metformina.

REFERÊNCIAS

Abbott, D.H., Dumesic, D.A. e Franks, S. (2002). Origem do desenvolvimento da síndrome dos ovários policísticos - uma hipótese. *J Endocrinol,* 174:1-5.

Abdallah, M.A. e Johnny, A. (2006). A fisiopatologia da síndrome dos ovários poliquísticos. In: Allahbadia GN, Agrawal R, editores. Polycystic ovary syndrome. UK: *Anshan Publishers,* p. 93-101.

Abdel Gadir, A., Khatim, M.S., Mowafi, R.S., Alnaser, H.M., Muharib, N.S. e Shaw, R.W. (1992). Implicações dos ovários poliquísticos diagnosticados por ultra-sons. Correlações com perfis hormonais basais. *Hum Reprod,* 7(4):453-457.

Adams, J., Franks, S., Polson, D.W. e Mason, H.D. (1985). Multifollicular ovaries: clinical and endocrine features and response to pulsatile gonadotropin releasing hormone. *Lancet,* 2(8469-70):1375-1379.

Adashi, E.Y. (1984). Clomiphene citrate: mechanism(s) and site(s) of action - a hypothesis revisited. *Fertil Steril,* 42(3):331-44.

Adashi, E.Y., Hsueh, A.J. e Yen, S.S. (1981). Insulin enhancement of luteinizing hormone and follicle-stimulating hormone release by cultured pituitary cells. *Endocrinology,* 108:1441-49.

Agarwal, S.K., Vogel, K., Weitsman, S.R. e Magoffin, D.A. (1999). Leptin antagonizes the insulin-like growth fator-I augmentation of steroidogenesis in granulosa and theca cells of the human ovary. *J Clin Endocrinol Metab,* 84:1072-6.

Alaina Matzke, (2011). O subdiagnóstico da Síndrome do Ovário Policístico em adolescentes do sexo feminino com peso normal. Universidade de Santa Catarina: Projeto acadêmico NURS 8000.

Ali Hassan, H., El-Gezeiry, D., Nafaa, T.M. e Baghdadi, I. (2001). Melhoria da reatividade dos doentes com SOP ao clomifeno após o inibidor do CYP17a. *J Assist Reprod Genet,* 18:608-611.

Allahbadia, G.N. e Merchant, R. (2008) Síndrome dos Ovários Policísticos no Subcontinente Indiano. *Seminários em Medicina Reprodutiva,* 26(1):22-34.

Allahbadia G.N. e Merchant, R. (2011). Síndrome dos ovários poliquísticos e impacto na saúde. *Jornal da Sociedade de Fertilidade do Médio Oriente.* 16(1): 19-37.

Associação Americana de Diabetes. (2010). Diagnóstico e classificação da diabetes mellitus. *Diabet Care,* 33:S62-S69.

Andersen, P.H., Kristensen, K., Pedersen, S.B., Hjollund, E., Schmitz, O. e Richelsen, B. (1997). Effects of long-term total fasting and insulin on ob gene expression in obese patients. *Eur J Endocrinol,* 137:229-33.

Angela Falbo, Francesco Orio, Roberta Venturella, Erika Rania, Caterina Materazzo, Achille Tolino, Fulvio Zullo e Stefano Palomba (2009). A metformina afecta a morfologia dos ovários em pacientes com síndrome dos ovários poliquísticos? Uma análise preliminar retrospetiva e transversal. *Journal of Ovarian Research,* 2:5.

Apridonidze, T., Essah, P.A., luorno, M.J. e Nestler, J.E. (2005). Prevalência e caraterísticas da síndrome metabólica em mulheres com síndrome dos ovários poliquísticos. *J Clin Endocrinol Metab,* 90:1929-35.

Armstrong, V.L., Wiggam, M.I., Ennis, C.N., Sheridan, B., Traub, A.I., Atkinson, A.B. e Bell, P.M. (2001). Ação da insulina e secreção de insulina na síndrome dos ovários poliquísticos tratada com etinilestradiol/acetato de ciproterona. *QJM,* 94:31-37.

Arslanian, S.A., Lewy, V., Danadian, K. e Saad, R. (2002). Metformin therapy in obese adolescents with polycystic ovary syndrome and impaired glucose tolerance: amelioration of exaggerated adrenal response to adrenocorticotropin with reduction of insulinemia/insulin resistance. *J Clin Endocrinol Metab*, 87(4):1555-9.

Azziz, R. (2002). Síndrome dos ovários poliquísticos, resistência à insulina e defeitos moleculares da sinalização da insulina. *J Clin Endocrinol Metab*, 87(9):4085-93.

Azziz, R. (2003). A avaliação e o tratamento do hirsutismo. *Obstet Gynecol,* 100:1389-1402.

Azziz, R. (2006). Controvérsia em endocrinologia clínica: diagnóstico da síndrome dos ovários poliquísticos: os critérios de Roterdão são prematuros. *J Clin Endocrinol Metab,* 91:781-85.

Azziz, R., Ehrmann, D., Legro, R.S., Whitcomb, R.W., Hanley, R., Fereshetian, A.G.,

O'Keefe, M. e Ghazzi, M.N. (2001). Grupo de Estudo PCOS/Troglitazona. Troglitazone improves ovulation and hirsutism in the polycystic ovary syndrome: a multicenter, double blind, placebo-controlled trial. *J Clin Endocrinol Metab,* 86:1626-1632.

Azziz, R., Ehrmann, D.A., Legro, R.S., Fereshetian, A.G., O'Keefe, M. e Ghazzi, M.N. (2003). Troglitazone diminui os níveis de androgénio adrenal em mulheres com síndrome dos ovários poliquísticos. *Fertil Steril,* 79:932-37.

Azziz, R., Woods, K.S. e Reyna, R. (2004a). The prevalence and features of the polycystic ovary syndrome in an unselected population. *Journal of Clinical Endocrinology and Metabolism,* 89:2745-2749.

Azziz, R., Sanchez, L.A., Knochenhouer, E.S., Moran, C., Lazenby, J., Stephens, K.C., Taylor, K. e Boots, L.R. (2004b). Excesso de androgénio nas mulheres: Experience with over 1000 consecutive patients. *Journal of Clinical Endocrinology and Metabolism,* 89:453-462.

Azziz, R., Marin, C., Hoq, L., Badamgarav, E. e Song, P. (2005). Health care- related economic burden of the polycystic ovary syndrome during the reproductive life span. *J Clin Endocrinol Metab,* 90:4650-58.

Azziz, R., Carmina, E. e Dewailly, D. (2006). Positions statement: criteria for defining polycystic ovary syndrome as a predominantly hyperandrogenic syndrome: an Androgen Excess Society guideline. *J Clin Endocrinol Metab,* 91:4237-45.

Azziz, R., Carmina E., Dewailly, D., Diamanti-Kandarakis, E., Escobar-Morreale, H.F. e Futterweit, W. (2009). Grupo de Trabalho sobre o Fenótipo da Síndrome dos Ovários Policísticos da Sociedade de Excesso de Androgénio e SOP. *Fertil Steril,* 91:456-88

Bach, L.A. (1999). O sistema do fator de crescimento semelhante à insulina: aspectos básicos e clínicos. *Aust N Z J Med,* 29:355-61.

Balen, A.H. (1999). The pathogenesis of polycystic ovary syndrome: the enigma unravels. *Lancet,* 354:966-967.

Balen, A. (2004). The current understanding of polycystic ovary syndrome (A compreensão atual da síndrome dos ovários poliquísticos). *TOG,* 6:66-74.

Balen, A. e Michelmore, K. (2002). What is polycystic ovary syndrome? *Human*

Reproduction, 17:2219-2227.

Balen, A.H., Conway, G.S., Kaltsas, G., Techatrasak, K., Manning, P.J., West, C. e Jacobs, H.S. (1995). Polycystic ovary syndrome: the spectrum of the disorder in 1741 patients. *Hum. Reprod,* 10:*2107-2111.*

Barbieri, R.L., Makris, A., Randall, R.W., Daniels, G., Kistner, R.W. e Ryan, K.J. (1986). Insulin stimulates androgen accumulation in incubations of ovarian stroma obtained from women with hyperandrogenism. *J Clin Endocrinol Metab,* 62(5):904-910.

Barnes, R.B. (1998). The pathogenesis of polycystic ovary syndrome: lessons from ovarian stimulation studies. *J Endocrinol Invest,* 21:567-79.

Barontini, M., Garci'a-Rudaz, M.C. e Veldhuis, J.D. (2001). Mechanisms of hypothalamic-pituitary-gonadal disruption in polycystic ovarian syndrome. *Arch Med Res,* 32:544-52.

Bayrak, A., Terbell, H., Urwitz-Lane, R., Mor, E., Stanczyk, F.Z. e Paulson, R.J. (2007). Os efeitos agudos da terapia com metformina incluem a melhoria da resistência à insulina e da morfologia ovariana. *Fertil Steril,* 87:870-875.

Blanco-Colio, L.M., Martin-Ventura, J.L., de Teresa, E., Farsang, C., Gaw, A., Gensini, G., Leiter, L.A., Langer, A., Martineau, P., Hernandez, G. e Egido,

J .(2007). Aumento dos níveis plasmáticos de ácidos gordos solúveis em indivíduos com elevado risco cardiovascular: Atorvastatin on Inflammatory Markers (AIM) study, a substudy of ACTFAST. Arteroscler. Thromb. *Vasc. Biol,* 27(1):168-174.

Blank, S.K., McCartney, C.R. e Marshall, J.C. (2006). The origins and sequelae of abnormal neuroendocrine function in polycystic ovary syndrome. *Hum Reprod Update,* 12:351-61.

Borini, A. e Dal Prato, L. (2006). A patogénese da infertilidade e da perda de gravidez precoce na síndrome dos ovários poliquísticos. In: Allahbadia GN, Agrawal R, editores. Polycystic ovary syndrome. REINO UNIDO: *Anshan Publishers,* p. 221-32.

Botsis, D., Kassanos, D., Pyrgiotis, E. e Zourlas, P.A. (1995). Incidência ultra-sonográfica de ovários policísticos em uma população ginecológica. *Ultrassom em Obstetrícia e Ginecologia,* 6(3):182-185.

Bottiglioni, F. e De Aloysio, D. (1982). Female sexual activity as a function of climacteric conditions and age (A atividade sexual feminina em função do climatério e da idade). *Maturitas,* 4:27-32.

Boudhraa, K., Jellouli, M.A., Kassaoui, O., Ben Aissia, N., Ouerhani, R., Triki, A. e Gara, M.F. (2009). O papel da histeroscopia e da laparoscopia no tratamento da infertilidade feminina: cerca de 200 casos. *La TunisieMedicale,* 87(1):55-60

Bracero, N. e Zacur, H.A. (2001). Síndrome dos ovários poliquísticos e hiperprolactinemia. *Obstet Gynecol Clin North Am,* 28:77-84.

Broekmans, F.J., Knauff, E.A., Valkenburg, O., Laven, J.S., Eijkemans, M.J. e Fauser, B.C. (2006). SOP de acordo com os critérios de consenso de Roterdão: alteração da prevalência da anovulação na OMS-II e associação com factores metabólicos. *BJOG,* 113(10):1210-1217.

Burger, H. G. e Patel, Y.C. (1977). Clínica da hormona libertadora de tirotropina-TSH. *Endocrinol. and Metab,* 6:831-00.

Burghen, G.A., Givens, J.R. e Kitabchi, A.E. (1980). Correlação do hiperandrogenismo com o hiperinsulinismo na doença dos ovários policísticos. *J Clin Endocrinol Metab,* 50(1):113-116.

Carmina, E. e Lobo, R.A. (1999). Mulheres hiperandrogénicas com menstruação normal têm síndrome dos ovários poliquísticos? *Fertil Steril,* 71:319-22.

Carmina, E., Koyama, T. e Chang, L. (1992). Does ethnicity influence the prevalence of adrenal hyperandrogenism and insulin resistance in polycystic ovary syndrome? *American Journal of Obstetrics and Gynecology,* 167:18071812.

Carmina, E., Rosato, F., Janni, A., Rizzo, M. e Longo, R.A. (2006). Extensa experiência clínica: prevalência relativa de diferentes distúrbios do excesso de androgénios em 950 mulheres encaminhadas devido a hiperandrogenismo clínico. *J Clin Endocrinol Metab,* 91:2-6.

Carnevale Schianca, G.P., Rossi, A., Sainaghi, P.P., Maduli, E. e Bartoli, E. (2003). The significance of impaired fasting glucose versus impaired glucose tolerance: importance of insulin secretion and resistance. *Diabetes Care,* 26:1333-1337.

Casper, R.F. e Mitwally, M.F. (2006). Revisão: inibidores da aromatase para indução da ovulação. *J Clin Endocrinol Metab,* 91:760-71.

Cebeci, F., Onsun, N. e Mert, M. (2012). Resistência à insulina em mulheres com hirsutismo. *Arch Med Sci,* 8(2):342-346.

Chang, R.J., Laufer, L.R., Meldrum, D.R., DeFazio, J., Lu, J.K., Vale, W.W., Rivier, J.E. e Judd, H.L. (1983). Steroid secretion in polycystic ovarian disease after ovarian suppression by a long-acting gonadotropin-releasing hormone agonist. *J Clin Endocrinol Metab,* 56(5):897-903.

Chang, W.Y., Knochenhauer, E.S., Bartolucci, A.A. e Azziz, R. (2005). Phenotypic spectrum of polycystic ovary syndrome: clinical and biochemical characterization of the three major clinical subgroups. *Fertil Steril,* 83:1717-23.

Charnvises, K., Weerakiet, S., Tingthanatikul, Y., Wansumrith, S., Chanprasertyothin, S. e Rojanasakul, A. (2005). Acanthosis nigricans: preditor clínico de tolerância anormal à glucose em mulheres asiáticas com síndrome dos ovários poliquísticos. *Gynecol Endocrinol,* 21:161-4.

Chen, Z.J., Shi, Y.H., Zhao, Y.R, Li, Y., Tang, R., Zhao, L.X., e Chang, Z.H. (2004). Correlação entre o polimorfismo de nucleótido único do gene do recetor de insulina e a síndrome dos ovários poliquísticos. *Zhonghua Fu Chan Ke Za Zhi,* 39(9):582-585.

Chereau, A. (1844). Mémoires pour Servir a l'étude des Maladies des Ovaries. Masson et Cie, Paris, França.

Christopoulos, P., Mastorakos, G., Gazouli, M., Deligeoroglou, E., Katsikis, I., Diamanti-Kandarakis, E., Panidis, D. e Creatsas, G. (2010). Estudo da associação dos polimorfismos dos genes IRS-1 e IRS-2 com caraterísticas clínicas e metabólicas em mulheres com síndrome dos ovários poliquísticos. Existe algum impacto? *Gynecol Endocrinol,* 26(9):698-703.

Ciampelli, M., Muzj, G., Leoni, F., Romualdi, D., Belosi, C., Cento, R.M. e Lanzone, A. (2001). Consequências metabólicas e endócrinas da supressão aguda dos AGL pelo acipimox na síndrome dos ovários poliquísticos. *J Clin Endocrinol Metab,* 86:5324-5329.

Ciampelli, M., Leoni, F., Lattanzi, F., Guido, M., Apa, R. e Lanzone, A. (2002). Um estudo piloto dos efeitos a longo prazo do acipimox na síndrome dos ovários poliquísticos. *Hum Reprod,* 17:647-653.

Clark, A.M., Thornley, B., Tomlinson, L., Galletley, C. e Norman, R.J. (1998). A perda de peso em mulheres inférteis obesas resulta numa melhoria do resultado reprodutivo para todas as formas de tratamento da fertilidade. *Hum Reprod,* 13(6):1502-5.

Clayton, R.N., Ogden, V., Hodgkinson, J., Worswick, L., Rodin, D.A., Dyer, S. e Meade, T.W. (1992). How common are polycystic ovaries in normal women and what is their significance for the fertility of the population? *Clin Endocrinol,* 37(2):127-134.

Coetzee, E.J. e Jackson, W.P. (1984). Hipoglicémico oral no primeiro trimestre e resultado fetal. *S Afr Med J,* 65:635-7.

Conn, J.J., Jacobs, H.S. e Conway, G.S. (2000). The prevalence of polycystic ovaries in women with type 2 diabetes mellitus. *Clin Endocrinol (Oxf),* 52:81-6.

Costello, M.F., Shrestha, B., Eden, J., Johnson, N.P. e Sjoblom, P. (2007). Metformina versus pílula contraceptiva oral na síndrome dos ovários poliquísticos: uma revisão Cochrane. *Hum Reprod,* 22:1200-9.

Cozzolino, D., Sessa, G., Salvatore, T., Sasso, F.C., Giuliano, D., Lefebvre, P.J. e Torella, R. (1996). O envolvimento do sistema opióide na obesidade humana: um estudo em parentes de peso normal de pessoas obesas. *J Clin Endocrinol Metab,* 81:713-718.

Cumming, D.C., Reid, R.L., Quigley, M.E., Rebar, R.W. e Yen, S.S. (1984). Evidence for decreased endogenous dopamine and opioid inhibitory influences on LH secretion in polycystic ovary syndrome. *Clin Endocrinol (Oxf),* 20:6438.

Dahlgren, E., Janson, P.O., Johansson, S., Lapidus, L. e Oden, A. (1992). Polycystic ovary syndrome and risk for myocardial infarction. *Ata Obstet Gynecol Scand,* 71:599-604.

Davies, M.J. (2006). Evidence for effects of weight on reproduction in women (Evidência dos efeitos do peso na reprodução das mulheres). *Reprod Biomed Online,* 12:552-61.

De Coster, R., Mohler, C., Denis, L., Coene, M.C., Caers, I. e Amery, W. (1987). Effects of high dose ketoconazole and dexamethazone on ACTH-stimulated adrenal steroidogenesis in orchiectomized prostatic cancer patients. *ACTA Endocrinol,* 115:265-241.

DeFronzo, R.A. (1997). Pathogenesis of type 2 diabetes: metabolic and molecular implications for identifying diabetes genes. *Diabetes Rev,* 5:177-269.

DeVane, G.W., Czekala, N.M., Judd, H.L. e Yen, S.S. (1975). Circulating gonadotropins, estrogens, androgens in polycystic ovarian disease. *Am J Obstet Gynecol,* 121:496-500.

Diamanti-Kandarakis, E. e Papavassiliou, A.G. (2006) Molecular mechanisms of insulin resistance in polycystic ovary syndrome. *Trends Mol Med,* 12:324-332.

Diamanti-Kandarakis, E., Paterakis, T. e Alexandraki, K. (2006). Índices de inflamação crónica de baixo grau na síndrome dos ovários poliquísticos e o efeito benéfico da metformina. *Hum Reprod,* 21:1426-31.

Diao, X. H., Shi, Y.H., Gao, Q., Wang, L.C., Tang, R. e Chen, Z.J. (2008). Relação entre o polimorfismo de nucleótido único-56 do gene da calpaína-10 e o metabolismo da glicose e dos lípidos em doentes com síndrome dos ovários poliquísticos. *Zhonghua Fu Chan Ke Za Zhi,* 43(2):106-109.

Dogan, E. e Gulekli, B. (2006). O papel da elevação da leptina sérica em mulheres obesas com síndrome dos ovários poliquísticos. In: Allahbadia GN, Agrawal R, editores. Polycystic ovary syndrome. UK: *Anshan Publishers,* p. 164-72.

Duleba, A.J., Banaszewska, B., Spaczynski, R.Z. e Pawelczyk, L. (2006). A sinvastatina melhora os parâmetros bioquímicos em mulheres com síndrome dos ovários poliquísticos: resultados de um ensaio prospetivo e aleatório. *Fertil Steril,* 85:996-1001.

Dunaif, A. (1997). Insulin resistance and the polycystic ovary syndrome: mechanism and implications for pathogenesis. *Endocr Rev,* 18, 774-800.

Dunaif, A. (1999). Insulin action in the polycystic ovary syndrome. *Endocrinol Metab Clin N A,* 28(2):341-359.

Dunaif, A. e Finegood, D.T. (1996). Disfunção das células beta independente da obesidade e da intolerância à glucose na síndrome dos ovários poliquísticos. *J Clin Endocrinol Metab,* 81:942-947.

Dunaif, A., Graf, M., Mandeli, J., Laumas, V. e Dobrjansky, A. (1987). Caracterização de grupos de mulheres hiperandrogénicas com acantose nigricans, tolerância à glicose diminuída e/ou hiperinsulinemia. *J Clin Endocrinol Metab,* 65:499-507.

Dunaif, A., Segal, K.R., Futterweit, W. e Dobrjansky, A. (1989). Profunda resistência periférica à insulina, independente da obesidade, na síndrome dos ovários poliquísticos. *Diabetes,* 38:1165-1174.

Dunaif, A., Segal, K.R., Shelley, D.R., Green, G., Dobrjansky, A. e Licholai, T. (1992). Evidence for distinctive and intrinsic defects in insulin action in polycystic ovary syndrome. *Diabetes,* 41:1257-66.

Dunaif A, Scott D, Finegood D, Quintana B, Whitcomb R.(1996). The insulinsensitising agent troglitazone improves metabolic and reproductive abnormalities in the polycystic ovary syndrome. *J Clin Endocrinol,* 81:3299306.

Dunn, C.J. e Peters, D.H. (1995). Metformina: uma revisão das suas propriedades farmacológicas e utilizações terapêuticas na diabetes não insulino-dependente. *Drugs,* 49:721-749.

Ehrmann, D.A. (2005). Polycystic ovary syndrome. *N Engl J Med,* 352:1223-36.

Ehrmann, D.A., Rosenfield, R.L., Barnes, R.B., Brigell, D.F. e Sheikh, Z. (1992). Deteção de hiperandrogenismo ovárico funcional em mulheres com excesso de androgénios. *N Engl J Med,* 327:157-62.

Ehrmann, D.A., Sturis, J., Byrne, M.M., Karrison, T., Rosenfi eld, R.L. e Polonsky, K .S. (1995). Defeitos de secreção de insulina na síndrome dos ovários poliquísticos. Relação com a sensibilidade à insulina e história familiar de diabetes mellitus não dependente de insulina. *J Clin Invest,* 96:520-527.

Ehrmann, D.A., Barnes, R.B., Rosenfield, R.L., Cavaghan, M.K. e Imperial, J. (1999). Prevalence of impaired glucose tolerance and diabetes in women with polycystic ovary syndrome. *Diabetes Care,* 22:141-46.

Ehrmann, D.A., Kasza, K., Azziz, R., Legro, R.S. e Ghazzi, M.N. (2005). Effects of race and family history of type 2 diabetes on metabolic status of women with polycystic ovary syndrome. *J Clin Endocrinol Metab,* 90:66-71.

Ehrmann, D.A., Liljenquist, D.R., Kasza, K., Azziz, R., Legro, R.S. e Ghazzi, M.N. (2006). Prevalência e factores de previsão da síndrome metabólica em mulheres com síndrome dos ovários poliquísticos. *J Clin Endocrinol Metab,* 91:48-53.

Elbers, J.M., Giltay, E.J., Teerlink, T., Scheffer, P.G., Asscheman, H., Seidell, J.C. e Gooren, L.J. (2003). Effects of sex steroids on components of the insulin resistance syndrome in transsexual subjects (Efeitos dos esteróides sexuais nos componentes da síndrome de resistência à insulina em indivíduos transexuais). *Clin Endocrinol (Oxf),* 58:562-571.

Elter, K., Imir, G. e Durmusoglu, F. (2002). Efeitos clínicos, endócrinos e metabólicos da metformina adicionada ao acetato de etinilestradiol-ciproterona em mulheres não obesas com síndrome dos ovários poliquísticos: um estudo aleatório controlado. *Hum Reprod,* 17:1729-1737.

Emperauger, B. e Kuttenn, F. (1995). Distrofias do ovário poliquístico. Critérios de diagnóstico e tratamento. *Presse Med,* 24:863-8.

Eriksson, J., Franssila-Kallunki, A. e Ekstrand, A. (1989). Early metabolic defects in persons at risk for noninsulin-dependent diabetes. *N Engl J Med,* 321:337343.

Escobar-Morreale, H.F., Luque-Ramirez, M. e San Millan, J.L. (2005). The molecular-genetic basis of functional hyperandrogenism and the polycystic ovary syndrome. *Endocr Rev,* 26:251-82.

ESHRE/ASRM. ESHRE/ASRM (2004). Reunião de Consenso de Roterdão Consenso revisto de 2003 sobre critérios de diagnóstico e riscos para a saúde a longo prazo relacionados com a síndrome dos ovários poliquísticos (SOP). *Hum Reprod,* 19:41-7.

Essah, P.A. e Nestler, J.E. (2006). The metabolic syndrome in polycystic ovary syndrome (A síndrome metabólica na síndrome dos ovários poliquísticos). *J Endocrinol Invest,* 29:270-80.

Ewens, K.G., Stewart, D.R., Ankener, W., Urbanek, M., McAllister, J.M., Chen, C., Baig, K.M., Parker, S.C., Margulies, E.H., Legro, R.S., Dunaif, A., Strauss, J.F.3rd. e Spielman, R.S. (2010). Análise familiar de genes candidatos para a síndrome dos ovários poliquísticos. *J Clin Endocrinol Metab,* 95(5):2306-2315

Falsetti, L. e Pasinetti, E. (1995). Efeitos da administração a longo prazo de um contracetivo oral contendo etinilestradiol e acetato de ciproterona no metabolismo lipídico em mulheres com síndrome dos ovários poliquísticos. *Ata Obstet Gynecol Scand,* 74:56-

70.

Fan, P., Liu, H.W., Wang, X.S., Zhang, F., Song, Q., Li, Q., Wu, H.M. e Bai, H. (2010). Identificação do polimorfismo G994T no exão 9 do gene da acetil-hidrolase do fator de ativação plaquetária do plasma como fator de risco para a síndrome dos ovários poliquísticos. *Hum Reprod,* 25(5):1288-1294.

Farquhar, C.M., Birdsall, M., Manning, P., Mitchell, J.M. e France, J.T. (1994). The prevalence of polycystic ovaries on ultrasound scanning in a population of randomly selected women. *Austr NZ J Obstet Gynaecol,* 34(1):67-72.

Farquhar, C.M., Williamson, K., Gudex, G., Johnson, N., Garland, J., Sadler, L.A. (2001). ensaio aleatório controlado de diatermia ovariana laparoscópica versus terapia com gonadotrofina para mulheres com síndrome do ovário policístico resistente ao clomifeno. *Fertil Steril,* 78(2):404-11.

Farquhar, C., Vandekerckhove, P. e Lilford, R. (2004). Laparoscopic "drilling" by diathermy or laser for ovulation induction in anovulatory polycystic ovary syndrome. *A base de dados cochrane de revisões sistemáticas,* Edição 1.

Fawcett, J.K. e Scott, J.E. (1960). Um método rápido e preciso para a determinação da ureia. *J Clin Pat,* 3:156-159.

Felemban, A., Tan, S.L. e Tulandi, T. (2000). Tratamento laparoscópico de ovários poliquísticos com cautério de agulha isolado: uma reavaliação. *Fertil Steril,* 73, 266-9.

Ferk, P., Perme, M.P., Teran, N. e Gersak, K. (2008). Polimorfismo do gene do recetor de androgénio (CAG)n em pacientes com síndrome dos ovários poliquísticos. *Fertil Steri,* 90(3):860-863.

Ferretti, G., Bacchetti, T., Moroni, C., Savino, S., Liuzzi, A., Balzola, F. e Bicchiega, V. (2005). Atividade da paraoxonase nas lipoproteínas de alta densidade: uma comparação entre mulheres saudáveis e obesas. *J. Clin. Endocrinol. Metab,* 90:1728-1733.

Ferriman, D. e Purdie, A.W. (1979). The inheritance of polycystic ovarian disease and a possible relationship to premature balding. *Clinical Endocrinology,* 11:291-300.

Festa, A., D'Agostino, R.J. e Howard, G. (2000). Inflamação subclínica crónica como parte da síndrome de resistência à insulina: o estudo da aterosclerose por resistência à insulina (IRAS). *Circulation,* 102:42-7.

Ficicioglu C, Api M, Ozden S. (1995). O número de folículos e o volume ovariano na avaliação da resposta ao citrato de clomifeno na síndrome do ovário policístico. *Ata Eur Fertil.* 26(3):101-104.

Fogel, R.B., Malhotra, A., Pillar, G., Pittman, S.D., Dunaif, A. e White, D.P. (2001). Aumento da prevalência da síndrome da apneia obstrutiva do sono em mulheres obesas com síndrome dos ovários poliquísticos. *J Clin Endocrinol Metab,* 86:1175-80.

Franks, S. (1989). Polycystic ovary syndrome: a changing perspective. *Clin Endocrinol (Oxf),* 31:*87-120.*

Franks, S. *(*1995*)*. Polycystic ovarian syndrome. *N. Engl. J. Med.,* 333, *853-861.*

Franks, S. (2006). Controvérsia em endocrinologia clínica: diagnóstico da síndrome dos ovários poliquísticos: em defesa dos critérios de Roterdão. *J Clin Endocrinol Metab,* 91:786-89.

Franks, S., Mason, H., White, D. e Willis, D. (1998). Etiologia da anovulação na síndrome dos ovários policísticos. *Steroids,* 63:306-07.

Franks, S., Mason, H. e Willis, D. (2000). Follicular dynamics in the polycystic ovary syndrome. *Mol Cell Endocrinol,* 163:49-52.

Franks, S., McCarthy, M.I. e Hardy, K. (2006). Development of polycystic ovary syndrome: involvement of genetic and environmental factors (Desenvolvimento da síndrome dos ovários poliquísticos: envolvimento de factores genéticos e ambientais). *Int J Androl,* 29:278-85.

Frier, B.M., Ashby, J.P., Nairin, I.M. e Bairs, J.D. (1981). Concentrações plasmáticas de insulina, peptídeo C e glucagon em pacientes com diabetes independente de insulina tratados com clorpropamida. *Diab. Metab,* 7(1):45-49.

Fruzzetti, F., Bersi, C., Parrini, D., Ricci, C., Genazzani, A.R. (2002). Effect of longterm naltrexone treatment on endocrine profile, clinical features, and insulin sensitivity in obese women with polycystic ovary syndrome. *Fertil Steril,* 77:936-940.

Futterweit W, Mechanick JI. (1988). Polycystic ovarian disease: etiology, diagnosis, and treatment. *Compr Ther,* 14(11):12-20.

Gadducci, A., Gargini, A., Palla, E., Fanucchi, A. e Genazzani, A.R. (2005). Síndrome dos ovários poliquísticos e cancros ginecológicos: existe uma relação? *Gynecol Endocrinol,* 20:200-8.

Gal, M., Orly, J., Barr, I., Algur, N., Boldes, R. e Diamant, Y.Z. (1994). Uma dose baixa de cetoconazol atenua os níveis séricos de androgénios em doentes com síndrome dos ovários poliquísticos e inibe a esteroidogénese ovárica in vitro. *Fertil Steril,* 61:823-832.

Gal, M., Eldar-Geva, T., Margalioth, E.J., Barr, I., Orly, J. e Diamant, Y.Z. (1999). Atenuação da resposta ovariana por cetoconazol em dose baixa durante a superovulação em pacientes com síndrome do ovário policístico. *Fertil Steril*, 72:26-31.

Gambineri, A., Pelusi, C., Vicennati, V., Pagotto, U. e Pasquali, R. (2002). Obesity and the polycystic ovary syndrome. *Int J Obes Rel Metab Dis,* 26:883-96.

Gambineri, A., Pelusi, C. e Manicardi, E. (2004). Intolerância à glicose numa grande coorte de mulheres mediterrânicas com síndrome dos ovários poliquísticos: fenótipo e factores associados. *Diabetes,* 53:2353-58.

Ghazeeri, G., Kutteh, W.H., Bryer-Ash, M., Haas, D. e Ke, R.W. (2003). Effect of rosiglitazone on spontaneous and clomiphene citrate induced ovulation in women with polycystic ovary syndrome. *Fertil Steril,* 79:562-566.

Gilling-Smith, C., Willis, D.S., Beard, R.W. e Franks, S. (1994). Hypersecretion of androstenedione by isolated thecal cells from polycystic ovaries. *J Clin Endocrinol Metab,* 79:1158-65.

Gjonnaess, H. (1998). Late endocrine effect of ovarian electrocautery in women with polycystic ovary syndrome. *Fertil Steril,* 69:697-701.

Glueck, C.J., Wang, P., Goldenberg, N. e Sieve-Smith, L. (2002). Pregnancy outcomes among women with polycystic ovary syndrome treated with metformin (Resultados de gravidez entre mulheres com síndrome dos ovários poliquísticos tratadas com metformina). *Hum Reprod,* 17:2858-64.

Glueck, C.J., Papanna, R., Wang, P., Goldenberg, N. e Sieve-Smith, L. (2003). Incidence and treatment of metabolic syndrome in newly referred women with confirmed polycystic ovarian syndrome. *Metabolism,* 52:908-15.

Goldzieher, J.W. (1981). Polycystic ovarian disease. *Fertility and Sterility,* 35:371394.

Goldzieher, J.W. e Green, J.A. (1962). The polycystic ovary. Caraterísticas clínicas e histológicas. *J Clin Endocrinol Metab,* 22:325-38.

Goldzieher, J.W. e Axelrod, L.R. (1963). Clinical and biochemical features of polycystic ovarian disease. *Fertil Steril,* 14:631-653.

Govind, A., Obhrai, M.S. e Clayton, R.N. (1999). Polycystic ovaries are inherited as an autosomal dominant trait: analysis of 29 polycystic ovary syndrome and 10 control families. *Journal of Clinical Endocrinology and Metabolism,* 84:38-43.

Greenblatt, E. e Casper, R. (1993). Adhesion formation after laparoscopic ovarian cautery for polycystic ovarian syndrome: lack of correlation with pregnancy rate. *Fertil Steril,* 60:766-70.

Haffner, S.M. (1995). Risk factors for non-insulin-dependent diabetes mellitus. *J.Hypertens Suppl,* 13:S73-S76.

Haffner, S.M., Kushwaha, R.S., Foster, D.M., Applebaum-Bowden, D. e Hazzard, W.R. (1983). Estudos sobre o mecanismo metabólico da redução das lipoproteínas de alta densidade durante a terapia com esteróides anabolizantes. *Metabolismo,* 32:413-420.

Hahn, S., Tan, S., Elsenbruch, S., Quadbeck, B., Herrmann, B.L. e Mann, K. (2005). Caracterização clínica e bioquímica de mulheres com síndrome dos ovários poliquísticos na Renânia do Norte-Vestefália. *Horm Metab Res,* 37:438-44.

Hao, C.F., Bao, H.C., Zhang, N., Gu, H.F. e Chen, Z.J. (2009). Avaliação da associação entre o polimorfismo do pentanucleótido promotor do CYP11alpha (TTTTA)n e a síndrome dos ovários poliquísticos em mulheres chinesas da etnia Han. *Neuro Endocrinol Lett,* 30(1):56-60.

Harborne, L., Fleming, R., Lyall, H., Sattar, N. e Norman, J. (2003). Metformina ou antiandrogénio no tratamento do hirsutismo na síndrome dos ovários poliquísticos. *J Clin Endocrinol Metab,* 88(9):4116-23.

Harris, M.I., Hadden, W.C., Knowler, W.C. e Bennett, P.H. (1987). Prevalence of diabetes and impaired glucose tolerance and plasma glucose levels in U.S. population aged 20-74 yr. *Diabetes.* 36:523-534.

Harris, A.L., Cantwell, B.M. e Dowsett, M. (1988). High dose ketoconazole: endocrine and therapeutic effects in postmenopausal breast cancer. *Br J Cancer,* 58:493-496.

Harris, M.I., Flegal, K.M. e Cowie, C.C. (1998). Prevalence of diabetes, impaired fasting glucose, and impaired glucose tolerance in U.S. adults. *Diabetes Care,* 21:518-524.

Hasegawa, I., Murakawa, H., Suzuki, M., Yamamoto, Y., Kurabayashi, T. e Tanaka, K. (1999). Effect of troglitazone on endocrine and ovulatory performance in women with insulin resistance related polycystic ovary syndrome. *Fertil Steril,* 71:323-327.

Hickey, T., Chandy, A. e Norman, R.J. (2002). The androgen recetor CAG repeat polymorphism and X-chromosome inactivation in Australian Caucasian women with infertility related to polycystic ovary syndrome. *J Clin Endocrinol Metab,* 87:161-65.

Homburg, R. (1998). Efeitos adversos da hormona leutinizante na fertilidade: facto ou fantasia. *Baillieres Clin Obstet Gynaecol,* 12(4):555-63.

Hughesdon, P.E. (1982). Morfologia e morfogénese do ovário de Stein-Leventhal e da chamada "hiperteose". *Obstet Gynecol Surv,* 37:59-77.

Inhorn, M.C. (2003). Global infertility and the globalization of new reproductive technologies: illustration from Egypt. *Social Science and Medicine,* 56:18371851.

Irfan Yavasoglu, Mert Kucuk, Adil Coskun, Engin Guney, Gurhan Kadikoylu e Zahit Bolaman. (2009). Polycystic Ovary Syndrome and Prolactinoma Association (Síndrome do Ovário Policístico e Associação de Prolactinoma). *Inter Med,* 48:611-613.

Isikoglu, M., Berkkanoglu, M., Cemal, H. e Ozgur, K. (2006). Síndrome dos ovários poliquísticos: qual é o papel da obesidade? In: Allahbadia, G.N. e Agrawal, R. editores. Polycystic ovary syndrome. UK: *Anshan Publishers,* p. 157-63.

Izquierdo, D., Foyouzi, N., Kwintkiewicz, J. e Duleba, A.J. (2004). A mevastatina inibe a proliferação e a esteroidogénese das células intersticiais da teca do ovário. *Fertil Steril,* 82 (Suppl 3):1193-1197.

Jaffe, M. (1886). Sobre o precipitado produzido na urina normal pelo ácido pícrico e uma nova reação da creatinina. *Z Physiol Chem,* 10:91-400.

Jakubowski, L. (2005). Aspectos genéticos da síndrome dos ovários poliquísticos. *Endokrynol Pol,* 56, 285-93.

Jamal, K. e Ozgur, K. (2006). Predictors of dyslipidemia in women with polycystic ovary syndrome. In: Allahbadia, G.N. e Agrawal, R. editores. Polycystic ovary syndrome. UK: *Anshan Publishers,* p. 193-202.

Jonard, S. e Dewailly, D. (2004). O excesso folicular nos ovários poliquísticos, devido ao hiperandrogenismo intra-ovariano, pode ser o principal responsável pela paragem folicular. *Hum Reprod Update,* 10:107-17.

Jonard, S., Robert, Y., Cortet-Rudelli, C., Pigny, P., Decanter, C. e Dewailly, D. (2003). Exame ultrassonográfico de ovários policísticos: vale a pena contar os folículos? *Hum Reprod,* 18:598-603.

Kahn, C.R., Flier, J.S., Bar, R.S., Archer, J.A., Gorden, P., Martin, M.M. e Roth, J. (1976). As síndromes de resistência à insulina e acantose nigricans. Distúrbios dos receptores de insulina no homem. *N Engl J Med,* 294(14):739-745.

Kahn, S.E., Prigeon, R.L. e McCulloch, D.K. (1993). Quantificação da relação entre a sensibilidade à insulina e a função das células beta em seres humanos. Evidência de uma função hiperbólica. *Diabetes,* 42:1663-72.

Keay, S.D., Liversedge, N.H., Akande, V.A., Mathur, R.S. e Jenkins, J.M. (2003). As concentrações séricas de IGF-1 após dessensibilização hipofisária não prevêem a resposta ovárica à estimulação com gonodotrofinas antes da FIV. *Hum Reprod,* 8(9):797-801.

Kelly, C.C., Lyall, H., Petrie, J.R., Gould, G.W., Connell, J.M. e Sattar, N. (2001). Inflamação crónica de baixo grau em mulheres com síndrome dos ovários poliquísticos. *J Clin Endocrinol Metab,* 86:2453-55.

Kent, S.C. e Legro, R.S. (2002). Polycystic ovary syndrome in adolescents (Síndrome dos ovários poliquísticos em adolescentes). *Adolesc Med,* 13:73-88.

Kevenaar, M.E., Themmen, A.P., van Kerkwijk, A.J., Valkenburg, O., Uitterlinden, A.G. e de Jong, F.H. (2009). As variantes no gene ACVR1 estão associadas aos níveis de AMH em mulheres com síndrome dos ovários poliquísticos. *Hum Reprod*, 24:2419.

Kiddy, D.S., Hamilton-Fairley, D. e Bush, A. (1992). Melhoria da função endócrina e ovárica durante o tratamento dietético de mulheres obesas com síndrome dos ovários poliquísticos. *Clinical Endocrinology (Oxford),* 36:105-111.

Kirschner, M.A. (1982). Obesity, androgens, oestrogens, and cancer risk. *Cancer Res,* 42:3281-3285.

Knochenhauer, E.S., Key, T.J., Kahsar-Miller, M., Waggoner, W., Boots, L.R. e Azziz, R. (1998). Prevalência da síndrome dos ovários poliquísticos em mulheres negras e brancas não selecionadas do sudeste dos Estados Unidos: *J Clin Endocrinol Metab,* 83:3078-82.

Korytkowski, M.T., Mokan, M., Horwitz, M.J. e Berga, S.L. (1995). Metabolic effects of oral contraceptives in women with polycystic ovary syndrome. *J Clin Endocrinol Metab,* 80:3327-3334.

Kousta, E., White, D.M. e Franks, S. (1997). Uso moderno do citrato de clomifeno na indução da ovulação. *Hum Reprod Update,* 3:359-65.

Krassas, G.E. (2000). Thyroid disease and female reproduction. *Fertil Steril,* 74(6):1063-70.

Krysiak, R., Boguslaw, O., Gdula-Dymek, A. e Herman, Z.S. (2006). Atualização sobre a gestão da síndrome dos ovários poliquísticos. *Pharmacological Reports,* 58: 614-625.

Kumar, A., Woods, K.S., Bartolucci, A.A. e Azziz, R. (2005a). Prevalência de excesso de androgénios supra-renais em doentes com síndrome dos ovários poliquísticos (SOP). *Clin Endocrinol,* 62:644-49.

Lakhani, K., Purcell, W.M., Fernando, R. e Hardiman, P. (1998). Ovarian volume and polycystic ovaries. *Eur J Ultrasound,* 7:S21-2.

Lambrinoudak, I., Christodoulakas, G., Rizos, D., Eunomou, E., Afgeitis, J., Vlachou, S. e Creatsa, M. (2006). Hormonas sexuais endógenas e factores de risco para a aterosclerose em mulheres gregas saudáveis após a menopausa. *Eur. J. Endocrinol,* 154(6):907-916.

Lanzone, A., Petraglia, F., Fulghesu, A.M., Ciampelli, M., Caruso, A. e Mancuso, S. (1995). Corticotropin-releasing hormone induces an exaggerated response of adrenocorticotropic hormone and cortisol in polycystic ovary syndrome. *Fertil Steril,*

63:1195-99.

Lee, J.Y., Lee, W.J., Hur, S.E., Lee, C.M., Sung, Y.A. e Chung, H.W. (2009). 111/121 diplotype of Calpain-10 is associated with the risk of polycystic ovary syndrome in Korean women. *Fertil Steril,* 92(2):830-833.

Legro, R.S. (1998). Polycystic ovary syndrome: current and future treatment paradigms (Síndrome dos ovários poliquísticos: paradigmas de tratamento actuais e futuros). *Am J Obstet Gynecol,* 179:S101-8.

Legro, R.S., Driscoll, D., Strauss III, J.F., Fox, J. e Dunaif, A. (1998). Evidence for a genetic basis for hyperandrogenemia in polycystic ovary syndrome. *PNAS,* 95:14956-60.

Legro, R.S., Kunselman, A.R., Dodson, W.C. e Dunaif, A. (1999). Prevalência e preditores de risco de diabetes mellitus tipo 2 e tolerância à glucose diminuída na síndrome dos ovários poliquísticos: um estudo prospetivo e controlado em 254 mulheres afectadas. *J Clin Endocrinol Metab,* 84:165-69.

Legro, R.S., Kunselman, A.R. e Dunaif, A. (2001). Prevalência e factores de previsão de dislipidemia em mulheres com síndrome dos ovários poliquísticos. *Am J Med,* 111: 607-13.

Legro, R.S., Castracane, V.D. e Kauffman, R.P. (2004). Detetar a resistência à insulina na síndrome dos ovários poliquísticos: objectivos e armadilhas. *Obstet Gynecol Surv,* 59:141-54.

Levi, A.J., Raynault, M.F., Bergh, P.A., Drews, M.R., Miller, B.T. e Scott, R.T. (2001). Resultado reprodutivo em pacientes com reserva ovariana diminuída. *Fertil Steril,* 76(4):666-9.

Li, L., Yang, D., Chen, X., Chen, Y., Feng, S. e Wang, L. (2007). Caraterísticas Clínicas e Metabólicas da Síndrome dos Ovários Policísticos. *International Journal of Gynecology and Obstetrics,* 97(2):129-134.

Lillioja, S., Mott, D. e Spraul, M. (1993). Insulin resistance and insulin secretory dysfunction as precursors of non-insulin-dependent diabetes mellitus. *N Engl J Med,* 329:1988-1992.

Lord, J. e Wilkin, T. (2002). Síndrome dos ovários poliquísticos e distribuição de gordura:

a questão central? *Human Fertility,* 5:67-71.

Lord, J.M., Flight, I.H.K. e Norman, R.J. (2003). Insulin-sensitising drugs (metformin, troglitazone, rosiglitazone, pioglitazone, D-chiro-inositol) for polycystic ovary syndrome. *A base de dados cochrane de revisões sistemáticas,* 2.

Luciano, A.A., Chapler, F.K. e Sherman, B.M. (1984). Hyperprolactinemia in polycystic ovary syndrome. *Fertil Steril,* 41:*719-725.*

Lunde, O., Magnus, P., Sandvik, L. e Hoglo, S. (1989). Familial clustering in the polycystic ovarian syndrome. *Gynecologic and Obstetric Investigation,* 28: 23-30.

MacDougall, M.J., Tan, S.L. e Jacobs, H.S. (1992). In-vitro fertilization and the ovarian hyperstimulation syndrome (Fertilização in vitro e síndrome de hiperestimulação ovariana). *Hum Reprod,* 7:597-600.

Maciel, G.A., Baracat, E.C. e Benda, J.A. (2004). Estocagem de folículos primários transitórios e clássicos em ovários de mulheres com síndrome dos ovários policísticos. *J Clin Endocrinol Metab,* 89:5321-27.

Mackness, M.I., Mackness, B. e Durrington, P.N. (2002). Paraoxonase and coronary heart disease. *AtherosclerSuppl,* 3:49-55.

Manal Kamal, Abeer Mohi, Mai Fawzy, Heba El-Sawah. (2010). Ghrelin plasmático em jejum em mulheres com e sem SOP. *Jornal da Sociedade de Fertilidade do Médio Oriente,* 15:91-94.

Marshall, J.C. (1975). Clinics in Endocrinol Metab, 4:545.

Marshall, J.C. e Eagleson, C.A. (1999). Aspectos neuroendócrinos da síndrome dos ovários poliquísticos. *Endocrinol Metab Clin North Am,* 28:295-324.

Mastorakos, G., Lambrinoudaki, I. e Creatsas, G. (2006). Síndrome dos ovários poliquísticos em adolescentes: opções de tratamento actuais e futuras. *Paediatr Drugs,* 8:311-8.

Mathur, R., Alexander, C.J., Yano, J., Trivax, B. e Azziz, R. (2008). Use of metformin in polycystic ovary syndrome. *Am J Obstet Gynecol,* 199:596-609.

Maurizio Macaluso, Tracie J. Wright-Schnapp, Anjani Chandra, Robert Johnson,

Catherine L. Satterwhite, Amy Pulver, Stuart M. Berman, Richard Y. Wang, Sherry L. Farr e Lori A. Pollack. (2010). A public health focus on infertility prevention, detection, and management (Um enfoque de saúde pública na prevenção, deteção e gestão da infertilidade). *Fertility and Sterlity,* 93(1):16.e1- 16.e10.

Mc Gowan, M.W., Artiss, J.D. e Zak, B.A. (1983). Método acoplado à peroxidase para a determinação colorimétrica de triglicéridos séricos. *Clin Chem,* 29:538.

McArthur, J.W., Ingersoll, F.M. e Worcester, J. (1958). A excreção urinária da atividade das células intersticiais e da hormona folículo-estimulante em mulheres com doenças do sistema reprodutor. *J Clin Endocrinol Metab,* 18:1202-1215.

McCartney, C.R., Eagleson, C.A. e Marshall, J.C. (2002). Regulation of gonadotropin secretion: implications for polycystic ovary syndrome. *Semin Reprod Med,* 20:317-36.

McKenna, T.J. (1988). Patogénese e tratamento da síndrome dos ovários poliquísticos. *N Engl J Med,* 318:558-562.

Menken, J., Trussell, J. e Larsen, U. (1986). Age and infertility. *Science,* 233: 1389-94.

Mercurio, M.G. (2001). Hirsutismo: diagnóstico e tratamento. *J Gend Specif Med,* 4:29-34.

Michelmore, K.F., Balen, A.H., Dunger, D.B. e Vessey, M.P. (1999). Polycystic ovaries and associated clinical and biochemical features in young women (Ovários policísticos e caraterísticas clínicas e bioquímicas associadas em mulheres jovens). *Clinical Endocrinology (Oxford),* 51:779-786.

Mifsud, A., Ramirez, S. e Yong, E.L. (2000). Androgen recetor gene CAG trinucleotide repeats in anovulatory infertility and polycystic ovaries. *J Clin Endocrinol Metab,* 85:3484-88.

Milsom, S.R., Sowter, M.C., Carter, M.A., Knox, B.S. e Gunn, A.J. (2003). Níveis de LH em mulheres com síndrome dos ovários poliquísticos: os ensaios modernos tornaram-nos irrelevantes? *Br J Obstet Gynaecol,* 110:760-4.

Mitwally, M.F., Kuscu, N.K. e Yalcinkaya, T.M. (1999). Altas taxas ovulatórias com o uso de troglitazona em mulheres resistentes ao clomifeno com síndrome dos ovários policísticos. *Hum Reprod,* 14:2700-2703.

Moghetti, P., Castello, R. e Negri, C. (2000). Metformin effects on clinical features, endocrine and metabolic profiles, and insulin sensitivity in polycystic ovary syndrome: a randomized, double-blind, placebo controlled 6-month trial, followed by open, long-term clinical evaluation. *J Clin Endocrinol Metab*, 85:139-46.

Moghetti, P., Tosi, F., Tosti, A., Negri, C., Misciali, C., Perrone, F., Caputo, M., Muggeo, M. e Castello, R. (2000). Comparação da eficácia da espironolactona, flutamida e finasterida no tratamento do hirsutismo: um ensaio aleatório, duplamente cego, controlado por placebo. *J Clin Endocrinol Metab,* 85:89-94.

Moran, L. e Teede, H. (2009). Caraterísticas metabólicas dos fenótipos reprodutivos da síndrome dos ovários poliquísticos. *Hum Reprod Update,* 15:477-488.

Moran, L.J., Noakes, M., Clifton, P.M., Tomlinson, L., Galletly, C. e Norman, R.J. (2003). A composição da dieta na restauração da fisiologia reprodutiva e metabólica em mulheres com excesso de peso e síndrome dos ovários policísticos. *J Clin Endocrinol Metab,* 88:812-9.

Morin-Papunen, L., Vauhkonen, I., Koivunen, R., Ruokonen, A., Martikainen, H. e Tapanainen, J.S. (2003). Metformina versus acetato de etinilestradiol-cyproterone no tratamento de mulheres não obesas com síndrome dos ovários poliquísticos: um estudo aleatório. *J Clin Endocrinol Metab,* 88:148-156.

Mulders, A.G., Laven, J.S., Eijkemans, M.J., Hughes, E.G. e Fauser, B.C. (2003). Previsores de resultados da indução da ovulação com gonadotrofinas em mulheres com infertilidade anovulatória normogonadotrófica: uma meta-análise. *Hum Reprod Updat,* 9(5):429-49.

Nadir, R. Farid e Evanthia Diamanti-Kandarakis (2009). Diagnosis and Management of Polycystic Ovary Syndrome (Diagnóstico e Gestão da Síndrome dos Ovários Policísticos). *Springer.* p. 243.

Nair, S. (2006). Hirsutismo e acne na síndrome dos ovários poliquísticos. In: Allahbadia, G.N. e Agrawal, R. editores. Polycystic ovary syndrome. REINO UNIDO: *Anshan Publishers,* p. 175-90.

Najem, F.I., Elmehdawi, R.R. e Swalem, A.M. (2008). Caraterísticas clínicas e bioquímicas da síndrome dos ovários poliquísticos em Benghazi-Líbia: um estudo retrospetivo. *Libyan J Med,* 3(2):71 -4.

Centro Nacional de Informação sobre a Saúde da Mulher, EUA. (2010). http://www.womenshealth.gov/ publications /our-publications/fact- sheet/polycystic-ovary-syndrome.pdf.

Navaratnarajah, R., Pillay, O.C. e Hardiman, P. (2008). Polycystic ovary syndrome and endometrial cancer (Síndrome dos ovários poliquísticos e cancro do endométrio). *Semin Reprod Med,* 26:62-71.

Nelson, V.L., Legro, R.S., Strauss, J.F. 3rd. e McAllister, J.M. (1999). Augmented androgen production is a stable steroidogenic phenotype of propagated theca cells from polycystic ovaries. *Mol Endocrinol,* 13:946-57.

Nelson, V.L., Qin Kn, K.N., Rosenfield, R.L., Wood, J.R., Penning, T.M. e Legro, R.S. (2001). The biochemical basis for increased testosterone production in theca cells propagated from patients with polycystic ovary syndrome. *J Clin Endocrinol Metab,* 86:5925-33.

Nestler, J.E. e Jakubowicz, D.J. (1996). Diminuição da atividade do citocromo P450c17 alfa nos ovários e da testosterona livre no soro após redução da secreção de insulina na síndrome dos ovários poliquísticos. *N Engl J Med,* 335(9):617-23.

Nestler, J.E., Powers, L.P., Matt, D.W., Steingold, K.A., Plymate, S.R. e Rittmaster, R.S. (1991). A direct effect of hyperinsulinemia on sex hormone-binding globulin levels in obese women with the polycystic ovary syndrome. *J Clin Endocrinol Metab,* 72:83-89.

Nestler, J.E., Jakubowicz, D.J., Evans, W.S. e Pasquali, R. (1998). Effects of metformin on spontaneous and clomiphene-induced ovulation in the polycystic ovary syndrome. *N Engl J Med,* 338:1876-80.

Nestler, J.E., Jakubowicz, D.J. e luorno, M.J. (2000). Role of inositolphosphoglycan mediators of insulin action in the polycystic ovary syndrome. *J Pediatr Endocrinol Metab,* 13(suppl 5):1295-1298.

NICE. (2004). Infertilidade. Technology appraisal guidance no. 22. Disponível em http://www.nice.org.uk/page.aspx?o=15724, último acesso em janeiro de 2004.

Nicolini, U., Ferrazzi, E., Bellotti, M., Travaglini, P., Elli, R. e Scaperrotta, R.C. (1985). A contribuição da avaliação ultra-sonográfica do tamanho do ovário em pacientes com doença do ovário policístico. *J Ultrasound Med,* 4:347-51.

Norman, R.J., Masters, S. e Hague, W. (1996). Hyperinsulinemia is common in family members of women with polycystic ovary syndrome. *Fertility and Sterility,* 66:942-947.

Norman, R.J., Masters, L., Milner, C.R., Wang, X.J. e Davies, M.J. (2001). Relative risk of conversion from normoglycemia to impaired glucose tolerance or noninsulin dependent diabetes mellitus in polycystic ovarian syndrome. *Hum Reprod,* 16:1995-8.

Norman, R.J., Dewailly, D., Legro, R.S. e Hickey, T.E. (2007). Polycystic ovary syndrome. *Lancet,* 370:685-697.

O'Meara, N., Blackman, J.D., Ehrmann, D.A., Barnes, R.B., Jaspan, J.B., Rosenfield, R.L. e Polonsky, K.S. (1993). Defeitos na função das células beta no hiperandrogenismo ovariano funcional. *J Clin Endocrinol Metab,* 76:1241-1247.

Orio, F. Jr., Palomba, S. e Cascella, T. (2004). Comprometimento precoce da estrutura e função endotelial em mulheres jovens de peso normal com síndrome dos ovários policísticos. *J Clin Endocrinol Metab,* 89:4588-93.

Orsini, L.F., Venturoli, S., Lourusso, R., Pichinotta, V., Paradisi, R. e Bovicelli, L. (1985). Achados ultra-sonográficos na doença do ovário policístico. *J Ultrasound Med,* 4:341-51.

Pache, T.D., de Jong, F.H., Hop, W.C. e Fauser, B.C. (1993). Association between ovarian changes assessed by transvaginal sonography and clinical and endocrine signs of the polycystic ovary syndrome. *Fertil Steril,* 59:544-99.

Paglia D.E, e Valentine W.N. (1967). Estudos sobre a caraterização quantitativa da glutationa peroxidase eritrocitária. *J Lab Clin Med.,*70:158-68.

Palomba, S., Orio, F. e Falbo, A. (2005). Prospective Parallel Randomized, DoubleBlind, Double-Dummy Controlled Clinical Trial Comparing Clomiphene Citrate and Metformin as First-Line Treatment for Ovulation Induction in Nonobese AnovulatoryWomen with Polycystic Ovary Syndrome. *J Clin Endoc Metab,* 90(7):4068-74.

Paradisi, G., Steinberg, H.O. e Hempfling, A. (2001). A síndrome dos ovários poliquísticos está associada à disfunção endotelial. *Circulation,* 103:1410-15.

Parsanezhad, M.E., Alborzi, S., Pakniat, M. e Schmidt, E.H. (2003). Um estudo duplamente cego, aleatório e controlado por placebo para avaliar a eficácia do cetoconazol na redução do risco da síndrome de hiperestimulação ovárica. *Fertil Steril,* 80:11511155.

Pepper, G., Brenner, S.H. e Gabrilove, J.L. (1990). Uso de cetoconazol no tratamento do hiperandrogenismo ovariano. *Fertil Steril,* 54:438-444.

Piacquadio, D.J., Rad, F.S., Spellman, M.C. e Hollenbach, K.A. (1994). Obesidade e alopecia androgénica feminina: uma causa e um efeito? *Jornal da Academia Americana de Dermatologia,* 30:1028-1030.

Polson, D.W., Adams, J., Wadsworth, J. e Franks, S. (1988). Polycystic ovaries: a common finding in normal women. *Lancet,* 1(8590):870-872.

Pont, A., Williams, P.L., Azhar, S., Garcia-Calvente, C.J., Lardelli, P. e Ruiz-Requera, M.E. (1982). O cetoconazol bloqueia a síntese de testosterona. *Arch Intern Med,* 142:24-29.

Poppe, K. e Glinoer, D. (2003). Autoimunidade da tiroide e hipotiroidismo antes e durante a gravidez. *Hum Reprod update,* 9:149-61.

Poppe, K., Velkeniers, B. e Glinoer, D. (2007). Doenças da tiroide e reprodução feminina. *Clin Endocrinol,* 66:309-21.

Poretsky, L., Cataldo, N.A., Rosenwaks, Z. e Giudice, L.C. (1999). The insulin- related ovarian regulatory system in health and disease. *Endocr Rev,* 20(4):535- 582.

Pugeat, M., Crave, J.C. e Elmidani, M. (1991). Fisiopatologia da globulina de ligação às hormonas sexuais (SHBG): relação com a insulina. *J Steroid Biochem Mol Biol,* 40:841-49.

Raikowha, M., Glass, M.R., Rutherford, A.J., Michelmore, K. e Balen, A.H. (2000) Polycystic ovary syndrome: a risk fator for cardiovascular disease? *Br J Obstet Gynecol,* 107:11-18.

Rajkhowa, M., Talbot, J.A., Jones, P.W., Pettersson, K., Haavisto, A.M., Huhtaniemi, I. e Clayton, R.N. (1995). Prevalence of an immunological LH beta-subunit variant in a UK population of healthy women and women with polycystic ovary syndrome. *Clin Endocrinol,* 43(3):297-303.

Reaven, G.M. (1988). Banting lecture 1988. Role of insulin resistance in human disease (Papel da resistência à insulina na doença humana). *Diabetes,* 37:1595-1607.

Reaven, G.M. (1994). Síndrome X: 6 anos depois. *JInt Med Suppl,* 736:13-22.

Rebar, R., Judd, H.L., Yen, S.S., Rakoff, J., Vandenberg, G. e Naftolin, F. (1976). Caracterização da secreção inapropriada de gonadotrofinas na síndrome dos ovários poliquísticos. *J Clin Invest,* 57(5):1320-1329.

Rebuffe-Scrive, M., Cullberg, G. e Lundberg, P.A. (1989). Variáveis antropométricas e metabolismo na doença dos ovários poliquísticos. *Hormonal and Metabolic Research,* 21:391-397.

Rice, S., Christoforidis, N. e Gadd, C. (2005). Impaired insulin-dependent glucose metabolism in granulosa-lutein cells from anovulatory women with polycystic ovaries. *Hum Reprod,* 20:373-81.

Richard, S.L. e Ricardo, A. (2003). Androgen excess disorders. *Danforth's Obstetrics and Gynecology, 8ª edição,* Lippincott Williams and Wilkins, Philadelphia. Capítulo 37, 663-672.

Ridker, P.M. (2003). Aplicação clínica da proteína C-reactiva na doença cardiovascular: deteção e prevenção. *Circulation,* 107:363-9.

Robert, Y., Dubrulle, F., Gaillandre, L., Ardaens, Y., Thomas-Desrousseaux, P. e Lemaitre, L. (1995). Avaliação ultra-sonográfica da hipertrofia do estroma ovariano no hiperandrogenismo e distúrbios da ovulação: análise visual versus quantificação computadorizada. *Fertil Steril,* 64:307-12.

Robinson, S., Rodin, D.A., Deacon, A., Wheeler, M.J. e Clayton, R.N. (1992). Which hormone tests for the diagnosis of polycystic ovary syndrome? *Br J Obstet Gynaecol,* 99:232-8.

Robinson, S., Henderson, A.D. e Gelding Franks (1996). A dislipidemia está associada à resistência à insulina em mulheres com ovários poliquísticos. *Clin. Endocrinol,* 44:227.

Ropelato, M.G., Garcia-Rudaz, M.C., Castro-Fernandez, C., Ulloa-Aguirre, A., Escobar, M.E. e Barontini, M. (1999). Uma preponderância de isoformas básicas da hormona luteinizante (LH) acompanha a hipersecreção inadequada de LH basal e pulsátil em adolescentes com síndrome dos ovários poliquísticos. *J Clin Endocrinol Metab,* 84:4629-36.

Rosenfield, R.L. (1999). Ovarian and adrenal function in polycystic ovary syndrome. *Endocrinol Metab Clin N A,* 28(2):265-293.

Rosenfield, R.L. (2001). Síndrome dos ovários poliquísticos e hiperinsulinemia resistente à insulina. *J Am Acad Dermatol,* 45:95-104.

Rosenfield, R.L., Barnes, R.B., Cara, J.F. e Lucky, A.W. (1990). Desregulação do citocromo P450c 17 alfa como causa da síndrome do ovário policístico. *Fertil Steril,* 53(5):785-791.

Rosner, W. e Smith R.N., (1975). *Biochemistry,* 14:4813-4820.

Grupo de trabalho de consenso sobre SOP patrocinado pela ESHRE/ASRM de Roterdão. (2004). Revisão do consenso de 2003 sobre os critérios de diagnóstico e os riscos para a saúde a longo prazo relacionados com a síndrome dos ovários poliquísticos. *Fertil Steril,* 81:19-25.

Royal College of Obstetricians and Gynaecologists (2003). Consequências a longo prazo da síndrome dos ovários poliquísticos. Guideline no. 33, London: RCOG.

Salmi, D.J., Zisser, H.C. e Jovanovic, L. (2004). Screening for and treatment of polycystic ovary syndrome in teenagers (Rastreio e tratamento da síndrome dos ovários poliquísticos em adolescentes). *Journal of Experimental Biology and Medicine,* 229:369-377.

Santen, R.J., Van den Bossche, H., Symoens, J. e De Coster, R. (1983). Site of action of low dose ketoconazole on androgen biosynthesis in men. *J Clin Endocrinal Metab,* 57:732-736.

Sherwin, R. e Quinn, M.J. (2001). SOP e PCOs? *Am J Obstet Gynecol,* 185:777-778.

Shome, B. e Parlow, A.F. (1973). A estrutura primária da subunidade beta específica da hormona da hormona luteinizante hipofisária humana (hLH). *J Clin Endocrinol Metab,* 36:618-621.

Siedel, J., Hagele, E.O., Ziegenhorn, J. e Wahlefeld A.W. (1983). Reagente para a determinação enzimática do colesterol total no soro com eficiência lipolítica melhorada.

Clin. Chem, 29:1075-1080.

Sik, A., Gokmen, O., Zeyneloglu, H.B., Senoz, S. e Zorlu, C.G. (1996). O cetoconazol em doses baixas é uma alternativa eficaz e relativamente segura no tratamento do hirsutismo. *Aust N Z J Obstet Gynecol,* 36:487-489.

Sinha, A. e Atiomo, W. (2004). The role of metformin in the treatment of infertile women with polycystic ovary syndrome. *TOG,* 6:145-51.

Sohrabvand, F., Ansari, S. e Bagheri, M. (2006). Eficácia da combinação metformina-letrozol em comparação com o citrato de metformina-clomifeno em mulheres inférteis resistentes ao clomifeno com doença dos ovários poliquísticos. *Hum Reprod,* 21:1432-5.

Spritzer, P.M., Poy, M., Wiltgen, D., Mylius, L.S. e Capp, E. (2001). Leptin concentrations in hirsute women with polycystic ovary syndrome or idiopathic hirsutism: influence on LH and relationship with hormonal, metabolic, and anthropometric measurements. *Hum Reprod,* 16:1340-6.

Sridhar, G.R. e Nagamani, G. (1993). Hipotiroidismo com síndrome dos ovários poliquísticos. *J Assoc Physicians India,* 41:88-90.

Stein, I.F. e Leventhal, M.L. (1935). Amenorreia associada a ovários policísticos bilaterais. *Am J Obstet Gynecol,* 29:181-191.

Sundararaman, P.G., Shweta, e Sridhar, G.R. (2008). Psychosocial Aspects of Women with Polycystic Ovary Syndrome from South India (Aspectos Psicossociais das Mulheres com Síndrome dos Ovários Policísticos do Sul da Índia). *Journal of Association of Physicians of India,* 56:945-948.

Suresh Babu, P. e Srinivasan, K. (1998). Melhoria das lesões renais associadas à diabetes por curcumina dietética em ratos diabéticos induzidos por estreptozotocina. *Molecular and Cellular Biochemistry,* 181:87-96.

Swanson, M., Sauerbrei, E.E. e Cooperberg, P.L. (1981). Medical implications of ultrasonically detected polycystic ovaries (Implicações médicas dos ovários policísticos detectados por ultrassom). *J Clin Ultras,* 9(5):219-222.

Talbott, E., Clerici, A., Berga, S.L., Kuller, L., Guzick, D., Detre, Daniels, T. e Engberg, R.A. (1998). Perfis adversos de risco lipídico e de doença coronária em mulheres jovens com síndrome dos ovários poliquísticos, resultados de um estudo de caso-controlo. *J. Clinical Epidemiology,* 51:415-422.

Tasali, E., Van Cauter, E. e Ehrmann, D.A. (2006). Relações entre distúrbios respiratórios do sono e metabolismo da glucose na síndrome dos ovários poliquísticos. *J Clin Endocrinol Metab,* 91:36-42.

Tasfiri, A., Popliker, M., Nahum, R. e Beyth, Y. (1998). Efeitos do cetoconazol sobre as alterações ovulatórias na ratazana: implicações sobre o papel do esterol ativador da meiose. *Mol Hum Reprod,* 4:483-489.

Taylor, A.E. (2000) Insulin-lowering medications in polycystic ovary syndrome. *Obstet. Gynecol. Clin. North Am,* 27:583-595.

Taylor, A.E., McCourt, B., Martin, K.A., Anderson, E.J., Adams, J.M. e Schoenfeld, D. (1997). Determinantes da secreção anormal de gonadotropinas em mulheres clinicamente definidas com síndrome dos ovários poliquísticos. *J Clin Endocrinol Metab,* 82:2248-56.

Teede, H., Hutchison, S.K. e Zoungas, S. (2007). The management of insulin resistance in polycystic ovary syndrome. *Trends Endocrinol Metab,* 18:273279.

Terceiro relatório do Programa Nacional de Educação sobre o Colesterol (NCEP). (2002). Relatório final do painel de peritos sobre a deteção, avaliação e tratamento do colesterol elevado no sangue em adultos (Painel de Tratamento de Adultos III). *Circulation,* 106:3143-3421.

Thomas, R. e Reid, R.L. (1987). Thyroid disease and reproductive dysfunction: a review. *Obst Gynae,* 70(5):789-98.

Tietz, N.W. (1995). *Clinical Guide to Laboratory Tests,* 3rd Edition, W.B. Saunders, Co., Philadelphia, 578-580.

Trinder, P. (1969). Determinação da glucose no sangue utilizando um sistema oxidase-peroxidase com um cromogénio não cancerígeno. *Annl Clin Biochem,* 6:24-30.

Tulandi, T., Saleh, A., Morris, D., Jacobs, H.S., Payne, N.N. e Tan, S.L. (2000). Effects of laparoscopic ovarian drilling on serum vascular endothelial growth fator and on insulin responses to the oral glucose tolerance test in women with polycystic ovary syndrome. *Fertil Steril,* 74(3):585-8.

Unger, R.H. (2002). Doenças lipotóxicas. *Annu. Rev. Med,* 53:319-336.

Vaessen, M. (1984). Childlessness and infecundity. WFS Comparative Studies, Série 31. Voorburg, Países Baixos: Cross National Summaries.

Van der Spuy, Z.M. e Dyer, S.J. (2004). The pathogenesis of infertility and early pregnancy loss in polycystic ovary syndrome (A patogénese da infertilidade e da perda de gravidez precoce na síndrome dos ovários poliquísticos). *Best Pract Res Clin Obstet Gynaecol,* 18:755-71.

Van Nieuwerburgh, F., Stoop, D., Cabri, P., Dhont, M., Deforce, D. e De Sutter, P. (2008). As repetições CAG mais curtas no gene do recetor de androgénio podem aumentar a hiperandrogenicidade na síndrome dos ovários poliquísticos. *Gynecol Endocrinol.* 24(12):669-673.

Vandermolen, D.T., Ratts, V.S., Evans, W.S., Stovall, D.W., Kauma, S.W. e Nestler, J.E. (2001). Metformin increases the ovulatory rate and pregnancy rate from clomiphene citrate in patients with polycystic ovary syndrome who are resistant to clomiphene citrate alone. *Fertil Steril,* 75:310-5.

Vendola, K.A., Zhou, J., Adesanya, O.O., Weil, S.J. e Bondy, C.A. (1998). Os androgénios estimulam as fases iniciais do crescimento folicular no ovário de primatas. *J Clin Invest,* 101:2622-29.

Venturoli, S., Marescalchi, O., Colombo, F.M., Macrelli, S., Ravaioli, B., Bagnoli, A., Paradisi, R. e Flamigni, C. (1999). Um ensaio prospetivo aleatório que compara regimes de baixa dose de flutamida, finasterida, cetoconazol e acetato de ciproterona-estrogénio no tratamento do hirsutismo. *J Clin Endocrinol Metab,* 35:1304-1310.

Vgontzas, A.N., Legro, R.S., Bixler, E.O., Grayev, A., Kales, A. e Chrousos, G.P. (2001). Polycystic ovary syndrome is associated with obstructive sleep apnea and daytime sleepiness: role of insulin resistance. *J Clin Endocrinol Metab,* 86:517-20.

Vidal-Puig, A.J., Munos-Torres, M., Joder-Gimento, E., Garcia-Calvente, C.J., Lardelli, P. e Ruiz-Requera, M.E. (1994). Terapia com cetoconazol: efeitos hormonais e clínicos no hiperandrogenismo não tumoral. *Eur J Endocrinol,* 130:333-338.

Vignesh, J.P. e Mohan, V. (2007). Síndrome dos ovários poliquísticos: um componente da síndrome metabólica? *J Postgrad Med,* 53:128-34.

Villa, P., Valle, D., Mancini, A., De Marinis, L., Pavone, V., Fulghesu, A.M., Mancuso, S. e Lanzone, A. (1999). Effect of opioid blockade on insulin and growth hormone (GH) secretion in patients with polycystic ovary syndrome: the heterogeneity of impaired GH secretion is related to both obesity and hyperinsulinism. *Fertil Steril,* 71:115-121.

Vrbikova, J., Cibula, D., Dvorakova, K., Stanicka, S., Sindelka, G., Hill, M., Fanta, M., Vondra, K. e Skrha, J. (2004). Insulin sensitivity in women with polycystic ovary syndrome (Sensibilidade à insulina em mulheres com síndrome dos ovários poliquísticos). *J Clin Endocrinol Metab,* 89:2942-2945.

Vural, P., Degirmencioglu, S., Saral, N.Y. e Akgül, C. (2010). Polimorfismos dos genes do fator de necrose tumoral alfa (-308), interleucina-6 (-174) e interleucina-10 (-1082) na síndrome dos ovários poliquísticos. *Eur J Obstet Gynecol Reprod Biol,* 150(1):61-65.

Wajchenberg, B.L. (2000). Subcutaneous and visceral adipose tissue: their relation to the metabolic syndrome. *Endocr Rev,* 21:697-738.

Waldstreicher, J., Santoro, N.F., Hall, J.E., Filicori, M. e Crowley, W.F. Jr. (1988). Hyperfunction of the hypothalamic-pituitary axis in women with polycystic ovarian disease: indirect evidence for partial gonadotroph desensitization. *J Clin Endocrinol Metab,* 66:165-72.

Wallace, A.M. e Sattar, N. (2007). The changing role of the clinical laboratory in the investigation of polycystic ovarian syndrome. *Clin Biochem Rev,* 28(3): 79-92.

Wang, K., You, L., Shi, Y., Wang, L., Zhang, M. e Chen, Z. J. (2008). Association of genetic variants of insulin degrading enzyme with metabolic features in women with polycystic ovary syndrome (Associação de variantes genéticas da enzima de degradação da insulina com caraterísticas metabólicas em mulheres com síndroma dos ovários poliquísticos). *Fertil Steril,* 90(2):378-384.

Wang, K., Wang, L., Zhao, Y., Shi, Y., Wang, L. e Chen, Z. J. (2009). Ausência de associação entre os polimorfismos Arg51Gln e Leu72Met do gene da grelina e a síndrome dos ovários poliquísticos. *Hum Reprod,* 24(2):485-490.

Warnick, G.R., Nguyen, T. e Alberts, A.A. (1985). Comparação de métodos de precipitação melhorados para a quantificação do colesterol de lipoproteínas de alta densidade. *Clin Chem,* 31:217-219.

Warram, J.H., Martin, B.C., Krolewski, A.S., Soeldner, J.S. e Kahn, C.R. (1990). A taxa lenta de remoção de glicose e a hiperinsulinemia precedem o desenvolvimento de diabetes tipo II na prole de pais diabéticos. *Ann Intern Med,* 113:909915.

Waterworth, D.M., Bennett, S.T., Gharani, N., McCarthy, M.I., Hague, S. e Batty, S. (1997). Linkage and association of insulin gene VNTR regulatory polymorphism with polycystic ovary syndrome. *Lancet,* 349:986-90.

Webber, L.J., Stubbs, S., Stark, J., Trew, G.H., Margara, R. e Hardy, K. (2003). Formation and early development of follicles in the polycystic ovary (Formação e desenvolvimento inicial de folículos no ovário policístico). *Lancet,* 362:1017-21.

Weil, S., Vendola, K., Zhou, J. e Bondy, C.A. (1999). Interações entre androgénios e hormonas folículo-estimulantes no desenvolvimento do folículo ovárico de primatas. *J Clin Endocrinol Metab,* 84:2951-56.

Welt, C.K., Gudmundsson, J.A. e Arason, G. (2006). Caracterização de subconjuntos discretos da síndrome dos ovários poliquísticos, tal como definida pelos critérios de Roterdão: o impacto do peso no fenótipo e nas caraterísticas metabólicas. *J Clin Endocrinol Metab,* 91:4842-48.

Widen, E.I.M., Eriksson, J.G. e Groop, L.C. (1992). A metformina normaliza o metabolismo não oxidativo da glicose em parentes de primeiro grau normoglicémicos resistentes à insulina de pacientes com NIDDM. *Diabetes,* 41:354-358.

Widge, A. (2002). "Atitudes socioculturais face à infertilidade e à reprodução assistida na Índia". In: Vayena E, Rowe PJ, Griffin PD (eds)." Current Practices and Controversies in Assisted Reproduction (Práticas actuais e controvérsias em reprodução assistida). Genebra, Suíça, Organização Mundial de Saúde: 60-74.

Wijeyaratne, C.N., Waduge, R., Arandara, D., Arasalingam, A., Sivasuriam, A. e Dodampahala, S.H. (2006). Metabolic and polycystic ovary syndromes in indigenous South Asian women with previous gestational diabetes mellitus. *BJOG,* 113:1182-7.

Wild, R.A., Applebaum-Bowden, D. e Demers, L.M. (1990). Lipídios de lipoproteínas em mulheres com excesso de andrógenos: associações independentes com aumento de insulina e andrógenos. *Clin Chem,* 36:283-89.

Wild, S., Roglic, G., Green, A., Sicree, R. e King, H. (2004). Global prevalence of diabetes: estimates for the year 2000 and projections for 2030. *Diabetes Care,* 27:1047-53.

Willis, D., Mason, H., Gilling-Smith, C. e Franks, S. (1996). Modulation by insulin of follicle-stimulating hormone and luteinizing hormone actions in human granulosa cells of normal and polycystic ovaries. *J Clin Endocrinol Metab,* 81:302-09.

Willis, D.S., Watson, H., Mason, H.D., Galea, R., Brincat, M. e Franks, S. (1998). Premature response to luteinizing hormone of granulosa cells from anovulatory women with polycystic ovary syndrome: relevance to mechanism of anovulation. *J Clin Endocrinol Metab,* 83:3984-91.

Wilson, J.D. (2001). O papel da 5alfa-redução na fisiologia das hormonas esteróides. *ReprodFertil Dev,* 13:673-8.

Witchel, S.F., Smith, R, Tomboc, M. e Aston, C.E. (2001). Análise de genes candidatos na pubarca prematura e no hiperandrogenismo adolescente. *Fertil Steril,* 75: 724-30.

Wood, J.R., Ho, C.K., Nelson-Degrave, V.L., McAllister, J.M. e Strauss, 3rd. JF. (2004). A assinatura molecular das células theca da síndrome dos ovários poliquísticos (SOP) definida pelo perfil de expressão genética. *J Reprod Immunol,* 63:51-60.

Wu, X.K., Zhou, S.Y. e Liu, J.X. (2003). Resistência selectiva dos ovários à sinalização da insulina em mulheres com síndrome dos ovários poliquísticos. *Fertil Steril,* 80:954-65.

Yen, S.S. (1980). The polycystic ovary syndrome. *Clin.Endocrinol,* 12:177-183.

Yen, S.S., Vela, P. e Rankin, J. (1970). Secreção inadequada da hormona folículo-estimulante e da hormona luteinizante na doença dos ovários poliquísticos. *J Clin Endocrinol Metab,* 30(4):435-442.

Zeyneloglu, H.B. e Esinler, I. (2006). Complicações crónicas da síndrome dos ovários poliquísticos. In: Allahbadia, G.N. e Agrawal, R. editores. Polycystic ovary syndrome. UK: *Anshan Publishers,* p. 102-12.

Zhang, L.H., Rodriguez, H., Ohno, S. e Miller, W.L. (1995). A fosforilação da serina do P450c17 humano aumenta a atividade da 17,20-liase: implicações para a adrenarca e a síndrome dos ovários poliquísticos. *Proc Natl Acad Sci USA,* 92:10619-23.

Zhang, N., Shi, Y.H., Hao, C.F., Gu, H.F., Li, Y., Zhao, Y.R., Wang, L.C. e Chen, Z.J. (2008). Associação dos polimorfismos +45G15G(T/G) e +276(G/T) no gene ADIPOQ com a síndrome dos ovários poliquísticos em mulheres chinesas da etnia Han. *Eur J Endocrinol,* 158(2):255-260.

Zheng, Q., Shi, Y., Yang, Z., Xu, X., Wang, L., Xue, F., Gu, H.F. e Chen, Z.J. (2009). Estudo de associação de base familiar do gene MCF 2L2 e da síndrome dos ovários poliquísticos. *Gynecol Obstet Invest,* 68(3):171-173.

Zinab Shakerardekani, Abbas Ali Nasehi, Tahereh Eftekhar, Azizeh Ghaseminezhad, Mohammad Ali Shaker Ardekani, Firoozeh Raisi, (2011). Avaliação da Depressão e do Estado de Saúde Mental em Mulheres com Síndrome do Ovário Policístico. 5(3):67-71.

Printed by Books on Demand GmbH, Norderstedt / Germany